詹文明——著

成為自己的執行長

跟彼得杜拉克學職涯規劃與自我管理

目次

目次

目次

自序　家家戶戶必備的工具書

高效能是可以學會，而且必須學會的。

「我的上帝，請賜我寧靜去接受我不能改變的一切；賜我勇氣去改變我能改變的一切。並賜我智慧去分辨這兩者的不同。」這是一九三四年萊茵霍爾．尼布爾寫下的二十世紀最著名的禱告文。這或許是《成爲自己的執行長》一書最佳的回應。

多年來，身爲教練的我，參與過上百件的人事決策案，從人力資源總監、總經理、研發副總裁、跨文化團隊負責人到接班人傳承等；從公司、跨國集團、非營利機構、福利組織到教會等，在這之後，才眞正體會到需要「人才發展策略」與「核心價值觀」，並整合成爲組織文化，始能貫穿「使命宣言」，成爲人人的DNA，最終才能確保實現「願景宣言」之可能。但遺憾的是，大多數的組織並未察覺這些的重要性，更糟糕的是，知識工作者對自己毫無概念，更別說「使用自己的說明書」了，眞是可惜至極！

讓我感觸良多的有以下四點：

一、發覺在校主修的學科跟自己職涯中的職務工作歷練似乎毫無關聯。

二、組織在用人、育才以及個人未來職涯上的發展既無章法更缺乏系統。

三、內部人才發展與外部徵才呈現出外招高管、內部斷層現象嚴重。

四、組織的知識工作者幾乎在被動式、奉命的情況下工作，竟忘了對自己的績效貢獻負責，更不用說個人發展這一回事了。

另外，我十分質疑大學教育的資源與功能究竟發揮了多少效益？但責任不應全由大學買單，學生也必須自我省思，到底是爲了未來的出路、興趣、謀生抑或是名校、名師以及其他因素選校擇系？或是因父母、家族、同學的壓力下決定？這樣根本是不認知自己、更不用說是認識自我。上了大學不是任你玩四年，而是爲進入社會做好預備，但是實際情況十分嚴峻，甚至有些學生眞叫人辛酸，只因選錯系、塡上沒興趣的第一志願，造成遺憾終身。

十多年前，友人的孩子慶幸他考上第一志願「醫學系」，父母都是教師，十分興奮地爲他辦了一場搶眼的 party，力邀親朋好友親臨盛會，孩子也非常感謝爸媽的心意。只是好景不常，等他實際踏入校門之後，他成績一年不如一年，壓力很大，情緒常常失控。原因在他根本沒興趣醫學研究，加上課業繁重、學校要求極嚴，導致身心失調。父母力勸他轉系或辦理休學，但他卻不理，執意要唸完，結果他最後得了抑鬱症，還沒來得當實習醫生，卻成了必須長期服藥控制的病人了。十多年過去，他成了家裡的一顆不定時炸彈，最終連帶爸媽也都在服藥，一家人全病倒了，眞令人唏噓。

當然這是特例。只不過爲什麼會發生這麼不幸的事件呢？又爲什麼沒有一本書可以給家長或個人事前做好準備呢？一個優秀的學生加上兩位榮獲師鐸獎的模範教師，這樣的結局令人聞之鼻酸！究竟該如何預防災難的再發生？

年輕人走出校門，進入職場，等待豐富多彩的夢想實現。然而事實不然，十之八九均以不如意收場。問題出在哪裡？爲何會出現「躺平主義」的躺平族呢？又爲什麼會出現「斜槓」族群呢？難道這是無言的抗議，或是自我解救的良方？

我妹妹的小孩曾在我家待過一小段時間，他主修工業設計，似乎找到感覺，在畢業展也受到很大的鼓勵。我也覺得他的作品的確有創意、還算細緻。很快地，他得到一個大公司的賞識，擔任櫥窗及海報設計、布置和展示以及活動企劃，自己也十分愉快、工作稱心愜意。但之後由於部門編制受限無法獲得升遷或加薪，只好轉調至採購部門任職，新鮮了兩年之後，覺得自己毫無長進，他請求調回原單位，但是回不去了，最終只好掛冠求去，回到他媽媽的美髮店從頭學起。他已成家也生下女兒，此時轉行改業實在勇氣可嘉，都快接近四十歲大關了。當然他也很難接受目前的現狀和處境，所以難免會有感慨與省思。

「如果說人的一生就是爲了賺錢而拼命一輩子，之後有了錢再爲食衣住行而揮霍，那內在的靈魂，早在你外在身體死亡之前就已經枯萎了。」

「地球的上任何生命都應該有他原本的生命狀態，只有人類需要有一層虛假的外包裝來包裝自己的生命。社會上有的是被權力綁架的政客、被金錢捆住的紅頂商人，以及被奢侈品纏繞的貴婦團等等……。有人說這是文明的進步，但其本質卻是生命本身的殘缺。」

這就是《成爲自己的執行長》一書會問市的唯一理由。因爲如果在高中之前讀完這本書，或許你會對選對科系更有把握；大學畢業前讀了這本書，你會找對自己的所長、自己的歸屬，甚至於會婉拒錯誤的機會。因爲你已是自己職涯中的好老闆了。

《成爲自己的執行長》確實是家家戶戶必備的工具書，因爲在孩子未認識自己之前，父母卻能通過這本書先認識孩子，甚至於協助孩子認識他們自己，當然越早越好，可以讓孩子少走彎路、冤枉路，甚至第一次就走對路，贏在這本書、活出這本書。

詹文明

第一章

知識員工為何會忙成這副德性

大多數的知識員工喜歡往下看。他們將全部心力放在自己所做的努力上，而忽略了成果。

於一九五九年彼得．杜拉克在《明日的地標》一書裡首創「知識工作者」（Knowledge Worker）與「知識工作」（Knowledge Work）以來，這二詞，已是家喻戶曉、人盡皆知。

雖然如此，眞正能有效地發揮生產力的人，卻是少得可憐！究竟爲何會出現這種現象？而數十年來，通過有目的、有條理、有系統的研究，探索與實地訪談驗證，找到了一條有啟發性的思路，並可通往智慧之窗的巨大成效能力，指出一個可能的最佳方式，讓知識員工可以越做越輕鬆，成果會越來越好。

考究其低生產力、高壓力工作、不具成效成果背後的原因之前，必須先從定義說起。在後資本主義社會，最根本、不可或缺的經濟資源，不再是勞力、資本或自然資源，而是無論現在或未來，最爲關鍵的經濟資源——「知識」（Knowledge）。諸如元宇宙、區塊鏈、AI、大數據、物聯網到無人機、無人駕駛、AR至虛擬的未來世界，哪一個不是藉著跨領域知識與科技、技術所完成的？這些有價值的創造都經由「生產力」和「創新」所實現。而這兩者都是源自於知識被運用於工作上所產生的結果，當知識和工作連結所產生的工作者就是「知識工作者」（Knowledge Worker）。

知識員工不生產實體的產品，他們生產的是知識、創意、資訊和創新，這樣的東西，本身並無用途；唯有透過另一位或多位的知識員工，把他們的東西當做「投入」，進而轉換爲另一樣「東西」，才會有實際的價值和意義，就像教與學的概念一樣。

爲此，知識工作（Knowledge Work）不能用數量來界定，也不能用成本來定義，知識工作應以「成果」來界定。因此以成果而論，人數多少與管理工作的繁簡，並不足以顯示其關係所在，就像研發單位不是因爲人多就能研發市場所需要的東西，而是他們有能力研發出顧客所喜愛的產品，才是關鍵點。

知識員工既擁有「生產材料」（The means of productions），又擁有「生產工具」（The tools of productions）；就像外科醫師，專業的醫學知識是他的生產材料，醫師走到何處，都可以帶著生產工具到處走。爲此，後資本主義社會在經濟方面的挑戰，必定是知識工作與知識工作者生產力的問題。

自古以來，知識一直被視爲用於「道」（Being），但一夕之間知識卻變成用於「器」（Doing），就像在十八世紀知識被用來改良生產工具、製程和產品，結果就產生了「工業革命」；到了十九世紀知識有了新的價值與意義，被應用來解決工作的產量，這就引發了「生產力革命」，這場七十五年的革命，讓無產階級變成中產階級的水平。二戰結束後，「知識被應用在知識本身」之上，就引發了「管理革命」；然而到如今「將知識改變成資源所給予顧客的價值與滿足」卻引爆了無可抵擋的「創新革命」，這場管理創新意謂著全新的未來。

然而知識工作者是不能加以嚴密監督的，也不能給予詳細指導，因爲這些只會帶來反彈，甚至會打擊工作士氣，最終離職走人。爲此，我們所能做的就是給予任務和方向，加上協助罷了。反之，知識工作者本人，必須得自己引導自己，引導自己做對的事，朝向績效表現和有價值的貢獻。換句話說，「必須引導自己朝向有效性」。

問題就是「如何引導自己」。絕大多數的知識員工之所以欠缺生產力，並非缺少生產材料和生產工具，而是不知道如何促使自己工作有效，更糟的是他們的公司和上司由於過度依賴心理測驗，導致誤用了知識員工，甚至無法完成上級所交付的任務，結果造成了一場災難。並非測驗無效，而是主管不相信自己眼睛所看到的夥伴，不願花時間陪伴他們，自然而然就談不上彼此認識了。

身爲知識工作者難道沒有責任嗎？不應該承擔任何後果嗎？事實不然，每個人不論是自雇者或所服務的單位，在績效和成果上，要自問自答：「我能有什麼貢獻？」強調的是責任，即人人務必扛起責任，做出貢獻。而其首要的責任應該是「對自己的有效貢獻」，換言之，如何有效地引導自己做出績效與成果的貢獻。

但絕大多數的知識員工都是眼光朝下，重視勤奮卻忽視成效、成果，更多人眼光盯著報酬卻忽略發展，爲興趣而做、爲錢而忙，最終迷失自己、蹉跎一生。

解決之道是什麼呢？美國紐約專欄女作家與諮詢師馬奇·艾波赫（Marci Alboher）在其暢銷書《不能只打一份工：多重壓力下的求生術》中提出一個主張，於是乎「斜槓人」（Slash）就風行全球，這種多重職業、斜槓族的工作模式成了一陣新風潮、時尚玩意兒。事實上，「斜槓」一詞源自於《紐約時報》專欄作家麥瑞克·阿爾伯所著《雙重職業》一書，寫道：「越來越多年輕人不再滿足於專一職業的生活方式，而是選擇擁有多重職業和身分的多元生活。」這些人則用「斜槓」（Slash）來介紹其一連串頭銜或身分表徵。

人是一項「多用途的工具」，想要有效地善用人類各方面的能力，最佳之道莫過於個人把自己的長處、能力聚焦於一件有效工作上，也就是要專心一志。多數人即使專心一志在同一時間內僅做一件事，也不見得就能做對做好，更何況是在同一時間內做兩件事或更多事，那就只能寄望奇蹟了。像作曲家莫扎特這樣一位不世出人物，他能同時作曲數首，且每首皆是傑作，他可說是一位絕無僅有的天才。其他第一流的作曲家如巴哈、韓德爾、海頓、浮第等人，都只能同一時間專心致力於一曲，他們得在完成一曲後，再創作下一曲。對於其他一般人，怎能假定自己是「莫扎特」呢？

斜槓人並非天才，因為任何天才都只是在某一個領域內的天才，更不會是天才中的天才如李奧納多．達文西那樣的神級人物。

當一個人嘗試以最大努力與付出卻得不到自己應得的報償和成就時，才是最大的挫敗和氣餒。更何況在疫情尚未消退之際，更加速了年輕人內心深處的疏離感，彷彿已被這個社會所拋棄了。

此刻在中國竟發生前所未有的騷動和風潮。「躺平主義」（Lay flatism）宣示著：「六不主義」即「不買房、不買車、不結婚、不生娃、不消費」，以維持最低的生存標準，拒絕成為他人賺錢的機器或被剝削的一群奴隸。

「躺平即是正義」，鼓勵躺平正當性，甚至鼓吹躺平文化。這種到底是問題抑或是機會呢？躺平能「翻身」嗎？多數人都抱著悲觀的態度。事實不然，「天生我才必有用」，其中的關鍵字是「才」與「用」。「才」在哪裡，就「用」在哪裡。不論是斜槓族或躺平族都會有天生之才，之所以會找多重職業或放棄自我，原因大都是不知自己能做什麼，甚至知道自己不能做什麼，以致於以逃避或自我躺平抗議收場。為此，「成為自己的執行長」才是正確之道，這也是為什麼要寫這本書的眞正原因。

第一章

不是熱情、而是使命

領導的關鍵不在於領袖魅力，而是使命。

多年前跟一位任職於國際雜誌的女主編相約在廣州市沙面島上一家古色古香的星巴客喝咖啡。舉凡被她深度訪談報導過的創業家或企業主、機構負責人無不成為她的至交好友。其中最重要的原因乃是她能以英式文學素養加入人文溫暖刻劃出清晰、簡明、優雅與精準的人物特質和性格，並緊扣著那絲絲入扣的成功經營軌跡，真的篇篇精彩、個個佳作，頗受轉載或私藏。她一坐下來就說：「老師，前陣子有朋友從美國回來當面質問我——妳的使命是什麼？我一時答不上來，他接著大聲說道，那妳白活了。這話聽到耳裡十分不舒服，他又對著我說：『妳是為錢工作，還是興趣而活呢？』我有些惱火地回應他：『我是為熱情而戰，怎麼樣？』此刻，他才回神知道自己似乎冒犯了我了。他深深吸了一口氣說道：『不是熱情，而是使命。』我心想這有何不同啊！使命又是啥東西？接下來我不想跟他扯下去了，正好我接了一通電話，就跟他說；我有事要赴約。」

我沒等她問，直接切入主題道：「妳的熱情是什麼？」她回道：「我喜歡與人交流，因為每個人都是獨立個體且極為特殊有趣，加上我熱愛文字工作，尤其是跟人有關的深度探究，最讓我深深陶醉的不是這個人而是他那心靈深處的碰撞與激盪，對我有種莫名的衝擊和激勵，十分享受其中，且久久不已。」

我問：「僅此於此？能持續多長？甚至對他人眞的有影響力？」她說道：「老師，我眞不知道，我也沒想過。」我續問：「妳的熱情來自何處？」她說：「來自我的興趣！」我告訴她道：「因著興趣或嗜好的『熱情』（Passion）是很難持久延續的。」

這種少了「願景宣言」（Vision statement）的熱情，也會因職業高原期的到來，帶來中年危機。唯有「願景」才能延續熱情的加溫加熱、甚至發光發熱，影響周圍的人們，如此，才能找到「眞正熱情」（Enthusiasm）所在，這個字在希臘文是由 em theos 所組成的，是「神在其中」（God within）的意思，即發自內心、源自於神之意，而非來自於外在反射、人的讚賞肯定或受獎報償。如果這些條件不再刺激或強化時，即滿足感就會受到挫折、失去熱忱動力。

「眞正的熱情必定是出於使命感的呼喚、源自願意犧牲自我去換取更大的自己的胸襟與視野。」我說。結果她深深地嘆息道：「我以爲人生就是享受而不是付出。今天我才明白是使命，不是僅僅熱情罷了。」是的，唯有在「使命感」的驅使下，人類才能找到人生的目的地——願景，進而活出有價值、有意義的生命，靠的就是「牢記使命、不忘初衷」。

她雀躍地站起身來，說：「做對的事就是願景，用正確方法或途徑便是使命，其過程唯一最終檢驗的行爲準則即是核心價值觀，能不能如期實現願景目的地靠的則是策略的行動。」

不愧是主編！我說：「使命與願景僅代表善意，策略才是推土機。」她若有所悟的笑容是那般地令人著迷，之後寒喧幾句就彼此祝福道別了。

過了大約兩年三個月，再接到她的來電：「老師，我已受洗了。」這眞是叫我感動極了，持續好久好久！

丹麥大文豪齊克果在《恐懼與戰慄》一書寫道：「人要回到靈魂的深處，探究生命的意義。」否則人生就白活了。

問題是，要如何找到自己合適的「使命感」？有什麼方法或途徑呢？絕大多數人生來就以賺錢、獲取財富當做使命感。若是這樣，把積累財富成爲自己一生的存在目的，的確古今中外比比皆是，說來實在可惜！

讓我們透過一個活生生、自我探索的個案來找出一條通用可遵循的法則，越早越能通過實際工作——即所謂的「社會化」來認識有限的自己。彼得．杜拉克在一九二七年～一九二八年這兩年裡，在家鄉維也納完成高中學程，之後前往德國漢堡一家出口貿易公司接受實習，同時進入當地一所大學法學院就讀。他在貿易公司的主要工作是影印發票，且將它放入帳簿裡，這樣的工作雖不怎麼有趣，倒也不怎麼吃力。平常他早晨七點上班，下午三點或三點半左右就下班。學校方面，下午四點以後就沒課了，他拿的學生證每周可以享受一次到市立劇場或歌劇院免費欣賞表演的機會。而下午和晚上通常沒事做，就到當地公立圖書館看書，這裡的圖書館藏書甚豐，而且涵蓋多種語言。

一直到一九二九年初他離開漢堡前，待在漢堡這十五又六個月是他這輩子在學習上受益最深、影響最大的期間。他在漢堡圖書館所得到的收穫，絕對遠超過過往十二年的學校教育和往後數年的大學教育。

從書籍啟迪心智、從邏輯中找到規律。在這段期間，他貪婪地大量閱讀各類書籍，後來則對政治和社會理論以及政策方面的書籍越來越感興趣。十幾個月下來，他讀了數百本書，其中有兩本書徹底改變了他的人生。一是愛德蒙．柏克（Edmund

Burke）於一七九〇年完成的《對法國革命之反思》（Reflections on the Revolution in France）；另一本是斐迪南．突尼斯（Ferdinand Tönnies）於一八八七年所寫的德文社會學經典巨作《共同體與社會》（Gemeinschaft und Gesellschaft）。

這兩本書給一個毛頭小孩帶來巨大的衝擊和內心的震撼、激起了無比的漣漪與巨大的影響力，這是他也很難想像，更無法預料的。

自一戰和俄國革命以來，德國和整個歐洲大陸都處於革命時期，這一點是當時所有年輕人都曉得的事實；相對的，只有那些一九一四年以前便已成年的人，才會認爲，並眞的希望歐洲可以再度回到戰前的狀態。因此，儘管柏克的著作已經成書一四〇年之久，仍立即激起了杜拉克這個年僅十八歲讀者的共鳴。而柏克的主要論點是：在這樣的時代，政治和政治家的第一要務是要在「延續和變革之間找到平衡」，這樣的精神，隨即成爲杜拉克的政治觀、世界觀和日後所有著作的中心思想。

突尼斯的著作同樣對杜拉克的影響甚巨。當時他尚且健在，只是已經退休（他於一九三六年辭世，享年八十一歲），《共同體與社會》則已經成書四十年。儘管突尼斯希望用這部著作來挽救前工業時代的鄉村社群，不過，連一個懵懂無知的十八歲青年都明白，這樣的「有機」社群已經成爲明日黃花，不復再現了。

日後，他對「社群和社會」的看法逐漸轉變，和突尼斯那源於十八世紀德國浪漫主義，屬於前工業時代和前資本主義的觀點也越來越分道揚鑣。儘管如此，突尼斯仍給了杜拉克一個永難忘懷的啟發：「個人需要社群，也需要社會——從社群中獲得『地位』，在社會中發揮『功能』。」

幾年以後，也就是一九三一年～一九三二年左右，他在法蘭克福某大日報擔任資深撰述。此時，他已取得國際法和政治理論的博士學位，並開始以博士後助理的身分參與國際法與法理學的課程講座，爲大學的教授資格預作準備。無給職講師在歐洲大陸是躋身學術界的第一步，從當時到現在都是如此。

不過，要通過這階段必須提交「論文」，而他的論文大綱已經被大學的審核委員會接受。論文內容如同他個人的「核心價值觀」的眞實呈現，其主要內容在探討法治國（Rechtsstant）的起源，以及在一八〇〇年～一八五〇年間，創建該學說的三位德國政治思想家的論述，事實上俾斯麥日後即以他們的思想爲基礎，於一八七一年統一德國、制訂憲法。基本上，這是一部思想史，旨在探討這三位思想家各自以其獨特的方式，所達成的「延續性和變革之間的平衡」。平衡的一端是尚未進入工業時代、經濟上以農業為主、政治上仍極為專制的十八世紀社會和政體；另一端則是法國大革命、拿破崙戰爭、都市化、資本主義和工業革命所形成的世界。以法國為例，直到一百年後，法國才在戴高樂的帶領下得以達成此種平衡。

但是，這項寫作最終僅完成一部分，以一篇論述短文，介紹上述三位政治思想家的最後一位——史達爾（Friedrich Julius Stahl）。他會發表這篇文章只有一個原因，這位領導普魯士保守黨長達三十年的史達爾，同時也是一位受洗的猶太人，他的角色和另一位受洗的猶太人差不多，就是英國維多利亞女王時代的狄斯雷利（Disraeli），他之所以專文介紹史達爾這位猶太人暨偉大的保守黨員，是為了直接抨擊納粹黨。該文於一九三二年夏天完成，德國在政治理論、社會學和法學方面最具權威的出版社摩爾（Mohr 位於 Tubingen）答應出版。一九三三年四月，也就是希特勒掌權後兩個月，該文終於在極富聲譽的系列專刊《過去與當代之法律及政府》的第一〇〇期上刊出。出版後，納粹政府旋即下令查禁且全數銷毀。

從此之後，這篇文章便一直不見天日，直到最近才由《社會雜誌》譯成英文，並於二〇〇二年七、八月號上重新發表，標題是：〈國家與歷史發展的保守理論〉。

不過，隨著納粹當道，舊有的計畫自然無法延續，所以他也放棄該書的寫作。隨後他開始著手寫另一部書，這書的內容旨在闡述極權主義的崛起，亦即歐洲社會的徹底崩潰。它是他生平出版第一部書，書名是《經濟人的終結》（The End of Economic Man），於一九三八年底在英國出版，並於一九三九年初在美國出版（該書部分內容收錄在《正常運作的社會》書中的第二篇）。

書中，他提出了一個與當時普遍看法大相逕庭的結論：「不論是共產主義、納粹主義或墨索里尼的法西斯主義，極權主義終將失敗。」不過，這個結論卻引發了他進一步的思考：未來，什麼將取代、能夠取代突尼斯的「有機」農業社會呢？什麼東西能再度整合個人、社群與社會呢？這些思考，後來也成了他第二部著作《工業人的未來》（The Future of Industrical Man）的主題。《工業人的未來》於一九四二年初出版，創作時間是一九四〇年到一九四一年間，當時，歐洲已烽火燎原，而美國也漸漸步入險境。寫作期間，他開始體認到全新的，更確切地說，是前所未見的社會組織，正在迅速發展，而這些組織，也將成爲工業社會和民族國家前所未見的權力中心。其中，出現的最早也最顯而易見的，是在大約一八六〇年或一八七〇年出現的商業公司，這確實是人類史上破天荒頭一遭。他開始意識到，「管理」是一個新的社會功能，也是這類新組織的普遍功能。基於這個體認，他寫了第三部書：《公司的概念》（Concept of the Corporation），本書創作於一九四三年、一九四四年間，並於一九四六年初，也就是日本宣布投降、二戰結束後數個月內正式出版。數年後，他進一步了解到，在工業社會中，企業公司不過是這類全新組織的先導，事實上，每一個新組織本身都是一個自主的權力中心，而人類的社會也將朝著組織型社會方向發展。

此外，他也開始意識到，這些新組織都是以知識為基礎，這一點不同於原有的權力中心，因此，我們的社會將很快發展成知識型社會，我們的經濟將很快發展成知識經濟，而知識工作者也將成為人口和勞動力的核心。同時，自《公司的概念》成書之後，五十多年來，他的寫作生涯就一直圍繞著社群、社會和政體，以及管理這兩大主題打轉。

回到他十四歲生日前的一個禮拜，他驚覺自己已成一個旁觀者。那天是一九二三年十一月十一日——再過八天就是他的生日了。之後的他，八十二年便扮演著舉足輕重的「社會生態學者」（Social Ecologist）。

在他一生中，以社群、社會與政體爲核心撰寫了包括社會分析、政治、經濟、論文文選和管理思想、未來學以及半自傳半雜誌、兩部小說等四十一本著作。

彼得・杜拉克（Peter F. Drucker）又被稱爲「管理學教父」，雖然他並不接受這個頭銜，但是他配得。他從小自我探索、追尋人生角色定位以及使命的確認，頗值得後人參考和啟發、探討與學習。尤其堅守八十二年的歲月要能不受利誘、不被影響，確實不易。他所憑靠的是核心價值觀的行爲準則，一步一步走出自己獨特的行事風格，最終牢記使命、不忘初衷，留下的是罕見的資產——認清當下現實與不自欺欺人的一種能力。

他於一九五四年十一月六日發明（或發現）「管理學」（Management），尤其通過《管理的實踐》（The Practice of Management）一書，他以明確、簡單、清晰、具體一以貫之可操作的經營哲學與實務，勾劃出以人爲主角、以事爲核心，建構出一套有目的、有條理、有系統，以績效爲核心的動態觀，爲我們指出一條最佳的可能經營方式。

第三章

願景、使命與核心價值觀

核心價值觀應該是唯一而最終的檢驗標準。

談及杜拉克的治學嚴謹、邏輯清晰、前瞻思維、人本特色——既以系統觀和動態觀爲原則，又對人的本質與人的實現體現在自由與責任、價值和尊嚴上。爲此，在問題解決的維度上，是以系統觀爲基礎；而在時間的維度上，則以動態觀爲基礎。

因此，他以「自由而有功能的社會」（Free and functional society）作爲他一生必要實現的終極目標——即願景。爲了能實現此一目標則必須滿足兩個條件：

一、賦予個別成員社會的地位與功能。

二、決定性的權力則務必有合法性。

而自由社會的自由並非資本主義放任式的自由，而是選擇和責任的自由，更是負責任的選擇（Responsible choice）。這個定義有兩個特點：

一、它強調要面對決策。

二、所謂負責，不僅是爲自己所做的決策與行動負責，同時作爲群體的一分子，也得必須對群體共同的決策和行動，就像自己所做的決策一樣負責。

它可作爲組織社會的一個原則，使每個人都不逃避決策與行動，且爲自己和社會的決策負責，因此這樣的社會便是一個「自由社會」。

杜拉克針對「人的本質」的基本假設：「沒有一個人或一群人可能具備有絕對的知識、絕對的肯定、絕對的眞理或絕對的正義。可是確實存在著有絕對的眞理與理性，爲此每個人必須爲其所做的決策與行動負責。」

「自由而有功能的社會」的主張正反應出杜拉克的社會分析和管理思想所建立的一個崇高的願景，一個哲學思想的基礎。

然而管理要「合法性」則必須集中在其績效表現上，因爲越專注在績效和成果的表現上，則越趨向於合法化。

杜拉克更進一步指出：爲滿足員工在社會組織內的地位與功能，它必須取自於「工作」本身，即在地位與功能滿足的同時，個人才享有自由，因爲地位與功能來自於個人對群體的績效表現，乃是貢獻自己能力的結果。

綜言之，以知識工作者爲主體的社會組織，杜拉克定義知識員工即是「有效的經營者或管理者」（The effective executive）。爲此，每個知識員工必須具備兩個條件：

一、要有整體的以及長遠的視角（Vision）。

二、要具有道德責任（Moral responsibility），承擔起「以目標爲自我控制的管理」（Management by Objectives, Self-controls）。

這就說明了杜拉克爲何會以「人」爲主角的管理觀，加上自由社會的理念，更充分地呈現其管理哲學思想的三個特色：

一、自由的原則。

二、開放而動態的系統觀。

三、強調創新與創業精神，構成「管理學」三個支柱與核心。

歸納彼得．杜拉克究竟是如何做到的呢？首先他以「圖書館」作爲自我探索園地，很快地找到自己、認識自己，加上十四歲時驚覺到自己是個「旁觀者」，因而他確定「社群、社會與政體」爲其一生中的主要探究主題，更以「延續與變革之間的平衡」爲其終身「使命宣言」。更以寫作爲其畢生工作，通過寫作、諮詢與傳授三合一實驗和驗證，找到了打造「自由而有功能社會」的藍圖與內容，便是「管理學」形成一個最佳而可能的方式實現願景。以策略行動引爆核心價值觀，進而確定自己「社會生態學家」的角色定位，到建構自己的「使命宣言」，成爲一位影響生命的社會生態學家，直到實現自由而有功能社會的願景。

再者，要以「往復式解決問題過程」，並由黃金圈生命構築法則建立願景、使命，到驗證核心價值觀以及重構策略藍圖，才能在延續與變革中找到平衡點，以有效性促使使命宣言得以早日實現（如下頁圖）。

憶起四十二年前的我，諸事不順、幾乎走投無路，不論是在工作上、家庭和睦上以及異性交往上都可說是遇到大考驗。脆弱的我只好自己默默承受，還好上天垂憐小命，否則就早已不在人世了，這個過程不想重來一次。爲此，我徹徹底底地面對自己，自問自答、自疑自判一連整整三個月之久，我究竟哪裡出了問題？我活下來要做什麼、我生命的價值是什麼、我人生有何意義？我何去何從、何處是歸程、我歸屬何處？最後我找到了「企業布道者」的角色定位，我卻有一大堆的疑惑和批判，我能嗎？我夠格嗎？我憑什麼條件布道，又布何道？道是什麼，我傳什麼道呢？誰是我傳的對象？越想越沒信心，越急就越沒有頭緒，最終只好走一步算一步了。

經過一段很久的年日，逐漸

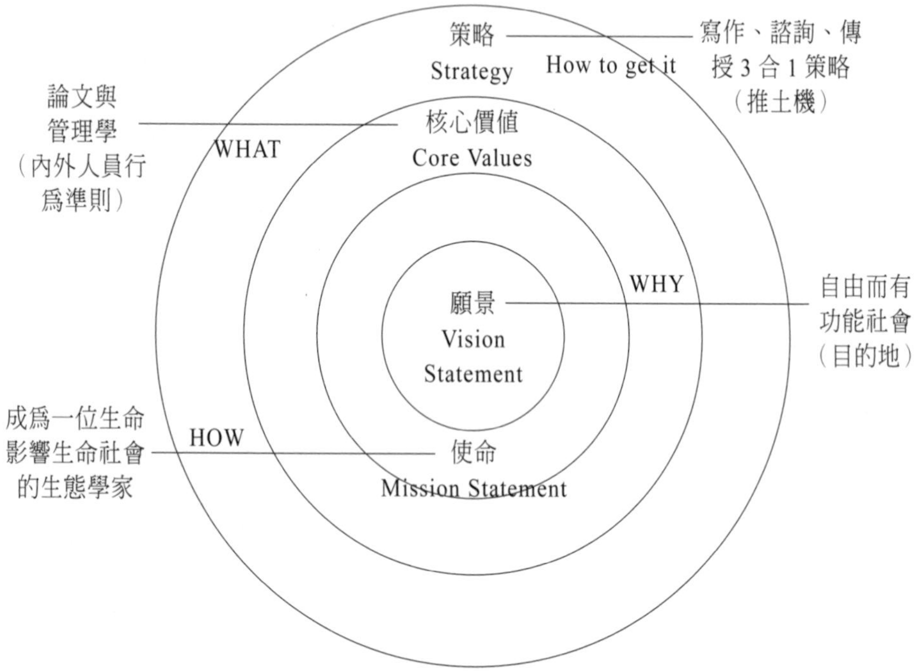

黃金圈生命構築法則

有了方向但還是沒把握，於是乎有了策略行動，更有了主題切入，即「經營管理和領導統御」，一方面研讀相關的書籍、雜誌、媒體資訊；另一方面到處聆聽名家講座，幾年下來也積累了不少的材料，尤其講座的筆記和剪報的資料實在驚人。儘管是這樣也沒學到東西，自己很想牛刀小試卻也不敢貿然誤人誤己，直到友人的鼓勵與肯定才開始試講，沒想到反應熱烈、佳評如潮。可是當我問到成果是什麼？大家卻默然無語，心想光叫好不叫座、光說不練又有何用呢？於是我又下足了功夫，想著如何才能有效，又如何才能接地氣。經過一年八個月後才有些起色，果然成果看得見，過程是關鍵，到了三十歲，我已當上了一家美容美髮咖啡服飾旗艦店的總經理，僅僅三年五個月締造了前所未有的績效紀錄，也贏得國際媒體的側目及爭相報導，此時此刻我才冷靜下來回想我的願景——「企業布道者」的角色定位，才察覺自己的不成熟，深入思索才發現自己東學西學，毫無系統，雖到大學、研究所註冊學習，卻又無法滿足我的胃口。想起十七歲那年讀到彼得杜拉克的一本書《有效的管理者》（The Effective Executive），至今雖並未深讀，更談不上熟讀，但這本書陪伴我四十年之久，也已讀了兩百七十六遍（含英文版五遍）之多，實在很管用又有效。尤其是在「自我管理」

到「以目標自我控制的管理」以及近幾年操練「成爲自己的執行長」角色定位，更爲精準有效。

如此才能朝向「做正確事、當明白人」的方向，成爲對的教練、對的諮詢者、對的企業輔導者，並做好一位有成果有貢獻的企業布道者，協助建構一家家「自由而有功能的企業與接班人」制度，並且以生命影響他人生命，讓他人的生命因我變得很不一樣爲職志。

而我的核心價值在於將杜拉克所構建的「管理學」予以本土化，成爲屬於東方的管理文化。就像我所著二十四冊的《杜老師管理漫畫》叢書及管理著作，所採用的策略行動即以寫作、教練及傳授三合一策略數位化。

彼得．杜拉克之所以能終其一生實現其使命宣言，雖然尚未抵達願景，但也正說明了願景、使命與核心價値觀的關聯性。根據管理學者柯林斯提及核心價值的概念：「企業和個人若能保持其核心價值和使命不變，同時又能使其經營目標與策略行動適應瞬息萬變的外在環境，是企業或個人不斷自我革命且取得長期優勢的主要原因，而建構與有效貫徹願景則是企業或個人成功的關鍵之一。」

核心價值是一項重要的特質或品質，它代表著個人在生活或工作上的優先次序與深植於內心深處的驅動力，也是引導著自己做決策、擬定目標、分配資源與執行計畫的基本原則。但奈何這是絕大多數的知識員工或斜槓人最欠缺的、最被忽視的行爲準則，以致於無法呈現出自己的風格和獨特的價值，實在極爲可惜。

核心價值遵循著使命宣言的脈絡，指的是個人最基本、永恆的信念，也是對自己與他人共同遵循的準則，例如誠實正直及不

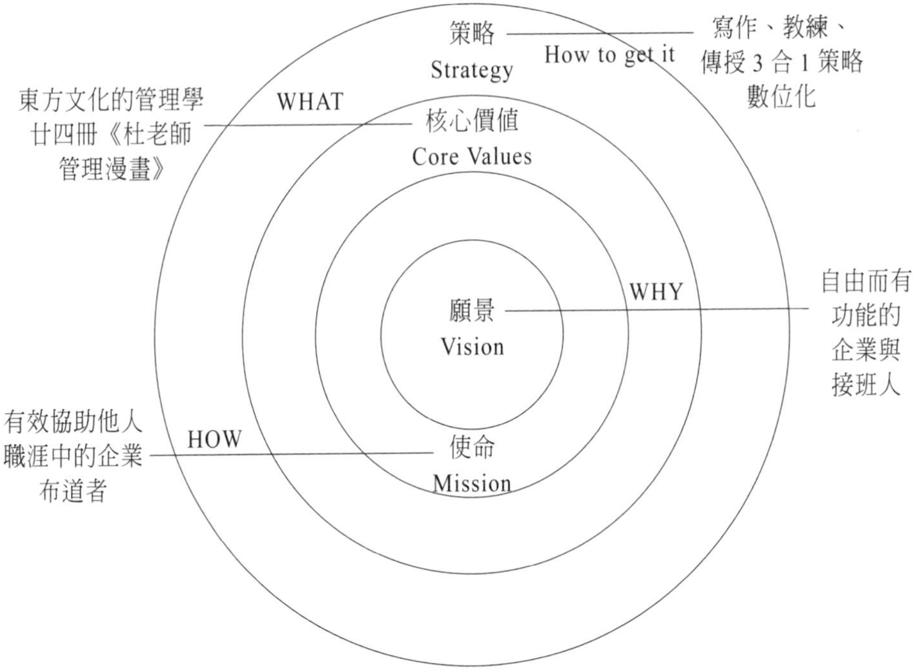

黃金圈生命構築法則（詹文明）

能做出自欺欺人的動機和行爲，更不能爲了業績或利潤的誘惑因而做出編故事、設計陷阱或善意的欺騙等行徑。

再偉大的指揮家，也不能沒有樂譜；再高效能的管理教父，也不能沒有核心價值。因爲缺少樂譜，指揮家失去舞台；沒有核心價值，就無法憑一己之力建構一門管理學科。

「核心價值」是一個人自信心的源頭，爲什麼？因爲他們知道自己不要什麼，不追求什麼。反之，他們僅知自己要什麼，渴望什麼，甚至知道要貢獻什麼，自己的責任又是什麼，且願意去實現自己的價值，讓自己的生命活得更富意義、更具價值。

杜拉克早年爲了做對做好「自我管理」，時常自問自答：「我的價值在哪裡？我的核心價值是什麼，應該是什麼？」早在很多年前，他也曾在長處和價值之間做過抉擇。

「一九三〇年代中期，我在倫敦是位相當傑出的資產經理人，這顯然是我的長處所在。但我不認爲當個資產經理人會能有什麼貢獻，我體認到『人』才是價值重心。」他回憶著。

「價值」必須要付出代價去換取，我認爲個人價值和個人長處矛盾時，個人做得好，甚至非常好的事，假如跟自己本身的價值體系不符合，也就應該割捨放棄，就像杜拉克一樣。

透過工作與生活逐漸清晰自己的核心價值觀，才能確認自己所要扮演的角色定位。然而杜拉克卻能在未滿十四歲前就已確定自己「旁觀者」的一生定位，並能堅持八十二年之久，靠的就是「自信心」，由於他從不同的角度看人、事、物，且又反覆思索——而他的思考，不像鏡子般的反射，而是一種三稜鏡似的折射。因此，更客觀、超然審視自己，讓自己成爲自己的執行長。

第四章

以旁觀者審視自己，進行自我對話

管理，就是必須堅持做個真正的旁觀者。

問題是杜拉克究竟要做什麼、能做什麼？所謂「策略行動」，就算他並不清楚什麼叫「策略」，但他在做的事，就是「策略」（Strategy）。唯有通過行動才能領略制度策略的重要性，經由經驗所驗證過的策略才是上策。誠如他在《旁觀者》一書寫道：「我父親非常希望我能進維也納大學。畢竟我們家族出身的，不是官員，便是律師或醫師。他也懷疑我可能沒有從商的本能和天賦。這點是正確的，但對我來說，最大的壓力就是逼我成爲大學教授。不知有多少叔叔、伯伯、表哥、堂弟等親友，把我團團圍住。他們若不是在維也納，就是在布拉格、瑞士、德國等大學擔任教授，也有在牛津或劍橋的；有教法律、經濟、醫學、化學、生物學，甚至藝術史和音樂等都有。乍看之下，教書生涯實在不錯，可以放長長的暑假，責任又少。當然，更別說那尊貴的社會地位——教授閣下。在奧地利這樣的地位，更勝於在德國，也比擁有土地的貴族更叫人欽羡。」

「但是要成爲教授就得留在維也納了，因爲我沒有理由去別的地方唸大學。然而我認爲在學術界『夠格』並非等於『傑出』，取得那稀罕的教授頭銜對我而言，是不能讓我就此心滿意足的，於是我就辯說，從商只要做一個二流人物，我就可以達到目的，因爲從商的目的就在賺錢，二流人物也可以賺很多錢。但是，進入學術界則不然，非得做一流學者或研究員不可。我曉得我能寫作，但不確定自己是否可以做好研究且進行學術性的思考。就在進入大學之前，我想不如試試自己的能力，如果發現自己不是那塊學術料子，就乾脆從商。」

「但要研究什麼題目？我很清楚自己的興趣是在政府、政治史、政府機關，甚至是經濟方面。在歐洲這些都是法學院所教的東西。因此，我向漢斯姨丈請教（他是著名的法學學者，後來成爲美國柏克萊首屈一指的法學專家，於一九七〇年代過世，享年九十多歲）。小小年紀的我問他：『在法律哲學裡最難的問題是什麼？』他的答案是：『解釋刑罰的理論基礎。』因此，十六歲的我就決心研究這個問題，並計畫寫一本書解釋清楚。於是乎，爲了研究，我必須要到圖書館去。」

「當時的我，並非特別喜歡理則學的人，現在的我依然是。但是懵懵懂懂地讀了幾個禮拜之後，終於得到一個結論：『那些偉人可能都弄錯了。』如果有十來個解釋都有完全不一樣而且相當清楚的前提，最終的結論卻相同，那麼用最基本的邏輯概念就能理解——那些都只是推理，而非解釋，而且偏離了問題。對我來說，重點應該不是刑罰。刑罰只是人類社會的一個事實，不管你是如何為這件事辯解，刑罰還是無所不在，反而需要解釋的是『犯罪』。我想，那已超出我的能力範圍了。」

杜拉克之所以是杜拉克，在年僅十六歲時就會以「旁觀者審視自己」，更以「自我對話」釐清、釐清再釐清，甚至於自己願意採取「策略行動」主動求教於漢斯姨丈，又進入圖書館尋找線索，更難能可貴地找到可能的參考答案，這眞是杜拉克人生中的一大步，雖然依舊尚未檢驗核心的價值觀，更談不上使命宣言，遑論願景宣言了。

我們很難置信的是以一位十六歲的孩子，並沒有修過法律學科或任何實務經驗，為何能問出連專家都不曾問過的問題：「在法律哲學裡最難的問題是什麼？」而法學專家姨丈的答案居然是：「解釋刑罰的理論基礎。」但是經過幾個禮拜的研究後，在他沒有老師的指導的前提下竟然得出的結論不是刑罰的解釋，而是「犯罪的解釋」，雖然他並不知道「犯罪的解釋基礎是什麼」？卻是已顛覆了姨丈的論點，要是他的姨丈曉得他的研究結果，是該為杜拉克感到驕傲，抑或是該替自己感到難過呢？

「信仰，向錯誤的機會說『不』。」杜拉克在其《社會生態願景》（The Ecological Vision）引言中回憶著：「我孩提時代接受的路德新教教育十分開明，除了聖誕節擺出聖誕樹，復活節唱唱巴哈的清唱劇，其他就沒什麼事了。我當時就讀的奧地利文理科高中，學生每周仍必須上兩個小時宗教課，但授課牧師並沒有太大野心。所以，當我十九歲，在漢堡一家出口貿易公司擔任實習，主要工作是爲了出口到印度或東非的掛鎖開立謄寫發票，在了無生趣之餘，偶然間（但當然也是在冥冥之中），讀到丹麥齊克果不世出的巨著《恐懼與戰慄》（Fear and Trembling），完全沒有心理上的準備。要到許多年之後，我才理解發生了什麼事。但我當時馬上就曉得有一件事已經發生了。我馬上就知道，我找到了一個嶄新而關鍵的存在層面。即使是在當時，我也大概曉得我的工作將會完全在社會領域，我也有一種感覺，我的工作不會在企業界，而且，我不太可能取得『商業上的成功』。雖然，後來我也教了幾年的宗教課（不過只是兼職），但我的工作確實完全在社會領域。而早在很久以前的一九二八年，我當就已經知道，我的生活不會、也不能完全在社會中，必須有一個超越世俗社會而存在的層面。」

爲此讓他「找到了上帝」。他說道：「我立刻知道，我的人生觀改變了。」罪惡的反義詞不是美德，而是信仰。

於一九四二年杜拉克在本寧頓學院演講道：「《恐懼與戰慄》一書所傳達的意念，在於信仰是人類存在的眞實、普遍的意義，而且是唯一的理由。只要擁有信仰，個人就是全體，不再被孤立，變得有意義和有絕對的價值，因此有信仰才有眞正的美德。」「信仰只有經歷絕望、悲劇、長期痛苦和永無止境的磨練才達得到。這不是非理性、情緒、感性或自發性的；而是經過深思和學習、嚴格的紀律、全心奉獻和堅定意志的結果，只有少數人做得到，但這是所有的人能夠也應該追求的境界。」

這書我也讀過數遍，不論是英文版或中文譯本都不理想，難怪當年杜拉克爲了眞義還學了丹麥文，讀了齊克果原著才明白原意，進而讓他回到靈魂的深處，探討自己生命的本質。

日後他每當遇上試探或誘惑時，究竟會如何？「核心價值乃是唯一最終的檢驗標準」。說到這裡，不得不提杜拉克於高中畢業後想自食其力，不願讓父母再負擔自己的學費，原因有二：一是自己想證明自己已長大了，二是因爲弟弟進入醫學院就讀的緣故。爲此，父親雖然力勸要他就讀大學，但他不爲所動，執意想要前往德國漢堡貿易公司闖蕩一番。臨行父親塞給他一本書《智慧》（The Art of Worldly Wisdom），這是一本十七世紀西班牙著名哲學家、思想家，也是一名滿懷入世的耶穌會教士所著的書。杜拉克為了讀懂其意學了西班牙文以便細讀該書。就如同書中一段話，「河床土質的好壞決定著河水的品質」。「河床土質」即一個人內在的誠實正直程度與好壞；「河水品質」即決策品質的高低和長遠影響之結果。

在他極年輕時，就跟長輩們相處共事，和力求原則的人打交道，因為他們可以彼此信任，杜拉克養成一種寧願與高尚的人爭論講理，也不願去征服卑劣的人。因為卑劣人不重視榮譽，也必然會輕視道德規範。

杜拉克不太談論自己，而是以一種積極而負責的旁觀者自處，因為他認為在談論自己時，不是因虛榮而自誇，便是因自卑而自責。更甚者，他體認到：「明智之人令人敬畏，狠毒之人叫人痛恨，無禮之人讓人鄙視，滑稽之人叫人不屑，古怪之人受人排斥。」

年輕智者如杜拉克對每件事情都會進行思索，特別是那些深不可測或可疑的事情，更是反覆思辨後才做出取捨。他若無法給出判斷也會適當婉轉回應。為此，他不僅能從表面理解一些事情，更能藉由反覆思考中發現事物背後更深的含義和本質。

杜拉克喜愛與自己不一樣特質的人往來，爲的不是要抬槓，而是幫助自己多認清自己、認識自我。他跟克雷馬在二十歲左右參加研討會時，遇見許多聰明絕頂而見多識廣的前輩，不過當時他們一群人，包括教授在內都曉得眼前的克雷馬是位大師——克雷馬不但天資超人而且又見識廣博，年紀輕輕的他卻能把政治史、國際法和國際政治整合成一套政治哲學。他這個人又彬彬有禮、極其謙卑，且有完全而無可妥協的自制力。

杜拉克回憶道：「我們直覺地意識到彼此有不同的答案，然而很快地就發現，其實我們心中有著相同的問題。我們雖然年少，但很清楚這些問題不可小覷，因此善用對方，聽聽自己的論述，並強迫自己把一些事定義清楚。在所有人當中，幫我了解自己最多的，就是克雷馬。他引導我明白，就政治觀點來說，我是特立獨行的人，並迫使我發掘自己的興趣——正因爲這些特質和興趣跟他不同。從另一方面來講，也許我也幫了他同樣的忙。我們的關係純然屬於學術論辯，彼此尊重，當然也不會相互存有一點反感。我們從來不去問：你覺得怎麼樣？總會說：你爲何這麼想？」

一個人胸襟越開放就越能接受檢驗，越接受檢驗就越能建立自信心，因爲他就越能接受自己的不足、自己的脆弱，如此才能獲得「平衡式的自信心」。

就像年輕的杜拉克，早年在英國一家小銀行工作時，創始人弗利柏格以他爲傲，似乎視杜拉克爲自己的第一個孩子。只要一有空檔就會叫他過去，要傳授他「銀行業務」。

「牟賽爾兄弟認爲你將來必可成爲銀行業務的高手。然而，我常常看你埋首在書堆裡。或許，藉由書中學習可以成爲經濟學家，但是銀行業務都是要和人打交道的，所以你必得先學會觀察『人』。我會找個値得觀察的人來讓你好好瞧瞧。」弗利柏格告誡他說。

杜拉克從八十多歲高齡的亨利伯伯身上學到一件事：「我學到了一件事，那就是好的生意人，以及傑出的藝術家或科學家，他們的思考方式都像亨利伯伯出自某一個特定、非常具體的東西，最終得出一個準則來，卻放諸四海而皆準。」

第二位奇人帕布先生，「他確實特別具有理財的天分。在看報紙時他會因一則不經意的評論或某消息大爲興奮，然後埋首鑽研一家公司、事業或公共事業的財務問題。兩周後，他已經曉得要怎麼做了。他想出的方法總是最創新、最完美的解決之道，也是最顯而易見的，不過就是沒有人這麼想過。」杜拉克描述著。

帕布說：「如果我還要去推銷我的方案，那就錯了。一定要簡單明白到任何人看了立即會說『對了！』的地步。」

當杜拉克決定要離開弗利柏格公司，不再待在英國時，他去跟帕布告別。杜拉克轉述道：「他出乎我意料之外地說道：『我要你做我在紐約的代表，為期三年，年薪是兩萬五千美元。』在景氣蕭條的那幾年，兩萬五千美元可是無法想像的數字，比華盛頓的內閣閣員或大公司的最高主管的所得還要高出很多，而且那時候還不用繳交所得稅呢。」

杜拉克問他：「你付我這麼多錢要做什麼？」帕布回答：「或許你什麼事也不必做，只是預備不時之需吧。」於是乎他回絕了這個機會，正因為帕布表明了得為他一人服務，就是什麼事都不必做。到了美國之後，帕布又要求杜拉克做他的代表，且進一步提高年薪。杜拉克告訴他，此舉讓他受寵若驚，但是他還是決定自食其力。

在帕布第一次請他做代表時，他將這事去告訴弗利柏格先生。「我可以理解，知道你為什麼即使不用工作，也不願意拿那麼多酬勞的原因。不過，想想看一年兩萬五千美元，三年下來，你存的錢足以買下一間小銀行，慢慢再發展成一家大銀行，不是嗎？」弗利柏格一副正經八百地說道。

「但是，弗利柏格先生，我不確定自己是否想從事銀行業。」杜拉克回應著。「胡說！不然像你這麼聰明的年輕人要做什麼呢？」弗利柏格加重語氣。

當然有人告訴杜拉克，你在商業銀行的表現非凡大有可爲。杜拉克自言自語道：「弗利柏格公司也沒有虧待我，他們給我的禮遇和薪酬十分優厚。最後，我決定離開時，他們使盡全力說服我留下，答應幾年後升我做合夥人，見我去意甚堅，於是給了我一份厚禮——安排我和內人搭乘兩星期的豪華郵輪頭等艙，經由地中海到紐約，並聘我做他們駐紐約的投資顧問，爲期兩年，這可是領乾薪的閒差。」

眞正的紀律乃是要向錯誤的機會說「No」，這機會往往是要命的誘惑或試探。杜拉克何許人也，爲何不受利誘、不沖昏了頭呢？是信仰，是核心的價値觀嗎？唯有擁有堅定的自信心才能不被自己欺騙、蒙騙，雖然還未能確定要做什麼，或者要什麼，但堅守自己的選擇和判斷，的確極度不易。尤其在戰爭和蕭條期間更是難上加難。杜拉克之所以能得自由、得釋放，乃是建立在有膽識向錯誤的誘惑說出「不」字，儘管後來再加碼或運用其他手段也都能保持著「心熱腦冷」狀態。或許他已篤定「寧可當一位負責任的自由人，也不願做一位快樂的奴隸吧」。

第五章

理論派與實務派的對立問題

管理來自於實務界，也必須回歸實務界。

到底理論重要，還是實務重要，這話題至今尚未有定論。其原因則在於主張理論派者認爲實務派人士若少了理論的梳理或知識上的應用，則無法提高效能與生產力，僅僅依賴經驗極有可能成爲熟練上的無能。然而主張實務派人士則認爲理論僅是紙上談兵、光說不練，更何況無法導入實務工作成爲指導原則，形成與實際工作格格不入，最終只是隔鞋搔癢、不痛既不癢。

社群需要延續與穩定，團隊卻需要變革和創新，這兩者之間存在著緊張關係。爲此，理論派與實務派的對立問題，其實兩者都有其必要性。理論派創造知識，而實務派則加以應用，可以讓知識發揮生產力；理論派注重文字與理念，而實務則重視人、工作和績效。但學校教理論和知識的老師，除了專業和技術外，根本毫無實務經驗可言，因此無法傳授有效的理論和知識，更何況學生又缺乏實務的經驗，這是一場莫大的豪賭。此不知爲誰而教，更是不知爲何而學，造成資源上的一大浪費。

這是千古以來最大的斷層，在《百科全書》之後，基本上很難有所突破或進展。大多數的商學院也只能以「個案設計」來作爲輔助教學的教材，但效果未盡理想，老師教些自己不曾經歷過的實際案例，而學生更是不知自己在學些什麼，辯論到血脈賁張、你死我活卻也只是各說各的道、各彈各的調，最終老師的結論只能說是讓大家思辨、慎思罷了，無法得到教學相長的目的，這就是現實的窠臼與殘酷。當然有些商學院為了能讓學生學到眞正的功課，特別請一些成功的企業家、實務家，甚至時下的名人或專家來與學生交流。事實上聊勝於無，至少能面對面交流，彌補紙上談兵之缺憾。更甚者，老師會帶領學生前往世界各地觀摩學習，到西點軍校、IBM總部、微軟、蘋果，或是去德國西門子、戴姆勒汽車集團、寶馬集團……更到荷蘭皇家殼牌集團、飛利浦、聯合利華、尼爾森控股……等公司取經，老師、學生都能滿足於實務參訪、出國旅遊、拍些照片、拿一堆資料，能不能有所啟發或收穫，就只能因人而異了。

這種「未經邏輯試煉過的他人經驗，不是嚴謹的修辭和提煉，而只是漫談；反之，沒有經過經驗試驗過的邏輯，並不能算是邏輯，而是荒謬。」確實也反應在心虛的老師和未能餵飽的學生臉上，這就是現況、也是事實。

也許彼得．杜拉克目睹了這一現象，所以他婉拒了「哈佛商學院」三回的力邀，最終才明白他不願去授課的背後原因，並非他要大牌，要名分，而是有三個原因阻擋他去的理由：第一，他認為哈佛商學院學生聽不懂他教的課，原因是絕大多數學生都沒有實際的工作經驗。第二，哈佛大學要求他專職，不能在外擔任顧問諮詢工作。第三，跟他的核心價值觀不符合——他認爲哈佛商學院著重培育如何創造財富成爲商業領袖，或是社會精英之類。而不是他心中所期盼的富有社會使命感的一群中堅分子。

正因爲如此，杜拉克卻憑一己之力構建一門學科「管理學」（Management）。他針對發明「管理學」一詞說道：「《管理的實踐》（The Practice of Management）上市後，人們就能從這本書中學得如何管理。在這之前，似乎只有極少數天才懂得管理，其他人卻複製不來。於是我決定寫一本有關這個領域的書，讓它成爲一門學科。」

記者問：「那麼，其中的內容該不是你發明的吧！」他回應：「大部分是的。」他又說：「聽著，假如你不了解某件事，就不可能複製它。那麼，我們就不能說明某件事已被發明了，而只能說大家一直在做這件事。」爲此，從這個角度來說，杜拉克確實發明了「管理學」，雖然他謙遜的說，僅僅是「發現」而已。

經歷了一、二戰的彼得．杜拉克，目睹戰爭之慘烈、死傷之慘重，爲此，心想必須做出對策，研擬解決之道。所以，以「管理學」使獨裁專制消失於無形，且以企業建立社會制度，以民主作爲決策機制、用領導取代命令控制、用目標成爲自我管理。

打造一個屬於自己明確的願景、簡單的信念、清晰的使命以及具體可行的策略方案。這是杜拉克的理念之所以能卓越高效之處，並時時以其「核心價值」作為他最終的唯一檢驗標準，值得世人推崇和仿效。

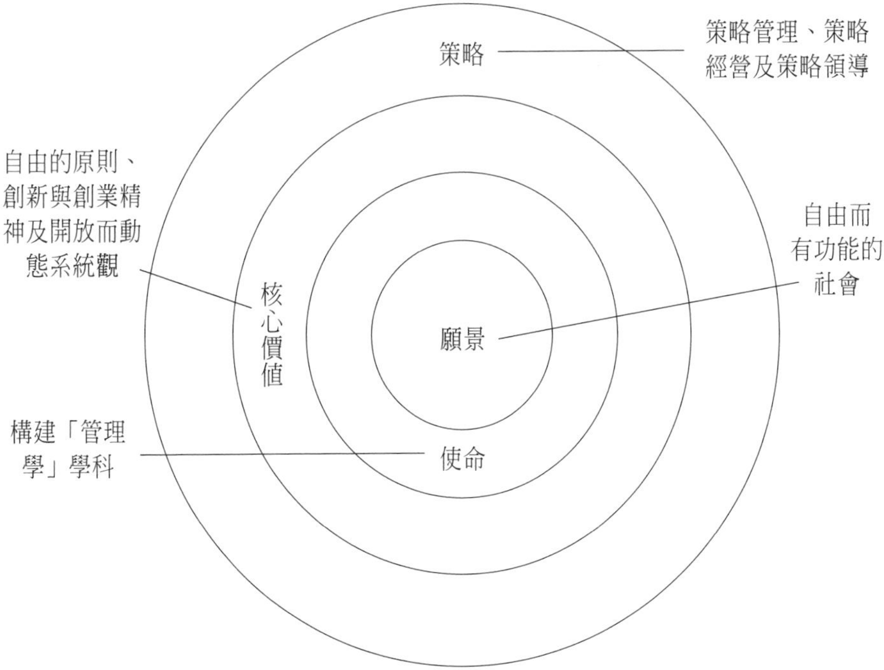

願景與使命黃金圖

第六章

杜拉克所採取的策略性自我管理

終生學習來自於自發性的自我管理。

上天眷顧彼得．杜拉克，由於家庭的緣故，父親亞道夫是經濟學家、財政高級官員、國際律師；母親卡洛琳學醫，在當年女性學醫十分罕見的。杜拉克回憶道：「在每周一晚上，父親都會請一些人到家中來，邊用餐、邊討論時事、文學作品、數學、哲學、醫學、音樂、戲劇、朗誦……等等，分享或辯論。」他幾乎每周都沉浸在智慧的殿堂裡，吸收到許許多多未能理解又好奇的深奧知識，日後成爲他寫作、研究、諮詢以及判斷取捨的重要關鍵。

在學校，他也吸取了不少養分。很少人能像杜拉克如此幸運，遇上了一對老師姐妹，更難能可貴的是，在國小階段，他就受到了很多衝擊。就如同他自述：「或許是因爲我跟著愛莎和蘇菲學了一年的後遺症吧。更正確的說法該是，她們對我的影響之深遠，已到了無可救藥的地步。」

讓他學到了高品質的教導和學習，充沛的活力與樂趣，這些都可以並行不悖。這兩位女士爲我們立下最佳的典範。比如蘇菲雖然沒能讓他工於美藝，但是因爲她的教導，使他一輩子都懂得欣賞工藝，見到乾淨俐落的作品不禁爲之心喜，並尊重這樣的技藝。至今他仍記得蘇菲把她的手放在他小手上，引導他感覺那順著紋路刨平而且用砂紙磨光的木材。而愛莎教給他的是工作紀律和組織能力，因此好多年他都使用這種技巧。

他有意無意採取了策略管理的作法；於是乎將愛莎給他的那本塵封已久的「練習簿」找出來，立下目標並組織自己的思考。照著有計畫、有目標的方式，努力幾周就可以名列班上成績的前三分之一或四分之一，這也是他在廿一、廿二歲取得博士學位的讀書方式。其祕訣則在於「表現評量」，正如他在小學四年級時擬定的作文計畫，那三天的博士考口試以及論文寫作也就輕鬆過關了。

杜拉克回憶道：「自小學後到大學時期的學程中其實毫無收穫，若沒有在法蘭克福大學碰上『海事法』這門課，實在是了無生趣。負責教授這一學科老師，教學十分有經驗，居然能將『海事法』當成整個西方的歷史、社會、科技和法律思想以及經濟變遷的縮影。」

他接著說道：「這是我受過最佳的通才教育。」他指出由於老師博學多聞，竟能把無聊、乏味的海事法衍生成活潑生動、趣味十足的人文、歷史、社會、科技和社會思想以及演變趨勢，實在值得效法，難怪日後杜拉克能將經濟學、心理學、數學、政治理論、歷史、組織行爲以及哲學作爲「管理學」主要內容和結構，成爲整合人類價值與行爲，以及整合社會秩序和求取知識的一種訓練。

基此，於一九五四年十一月六日杜拉克獨自構建一門「管理學」（Management）學科，其中代表巨著《管理的實踐》（The Practice of Management）一書，這本是有史以來條理最清晰、最有系統的管理巨作。

一九七四年杜拉克更上一層樓將《管理的實踐》、《明日的地標》和《有效的管理者》重編成一本曠世巨作《管理的價值、經理人的實務與經營者的責任》（Management: Tasks and Responsibilities and Practices），此書更完整、可操作性更強及更貼近實務需求。

「發展」就是要不斷地策略經營自己，杜拉克打從在德國法蘭克福最大的報社工作，即吸收大量多元化的知識與跨領域的探索，諸如財經、國際事務、國際關係、國際法、社會學與法律機構的歷史、各種角度的歷史、財務，並發展出一套系統，直到九十六歲離世都奉行不渝。

每隔三年他會挑一個新主題研究，不論是統計學、中世紀歷史、日本藝術或經濟學。

杜拉克所採取策略經營的途徑是「三合一」模式：一是通過蒐集文章、論文和書籍，發表、梳理知識與邏輯；其次則是在企業、組織、政府及非營利機構實證「實驗室」，以驗證邏輯和理念，做出實質貢獻。三是在校傳授學生視野、格局和心智，以旁觀者自居，直指核心與事物本質，建立普世價值取向，成爲一位不折不扣的世界公民。

正因爲如此，他始能擁有「管理概念創見者」權威封號，諸如發明以目標爲自我控制的管理、民營化、顧客取向和創造顧客、結構追隨策略、創新與創業精神、效能與效率、堅守本行、國際分工、內部創業、走動式管理、全球購物中心、跨國企業、知識工作與知識工作者、退休金制度、自治工廠、聯邦分權化、扁平化再扁平、後資本主義社會……等。

「策略領導」建立在終身學習與完全開放的態度上，他不給自己設限，對不同領域知識採取接納和學習，因而讓他能橫跨廿餘種不同領域的知識且累積大量的知識，形成他垂手所得的知識庫，加上他博聞強記，將相關與不相關的知識整合成爲另一樣東西，他這種「只要聯貫」（only connected）能耐，締造他成爲管理學教父，廿世紀最偉大的社會創新者。

杜拉克通過六十餘年來近距離接觸董事長、CEO及各類型組織負責人諮詢，以他獨特而銳利的洞見，加上對商業趨勢質變精準的判斷力與掌握，將實務操作和思想的內容予以簡潔明確的文字功力描述，轉換成爲可學習的原則原理，成爲穿透時空的領導者，貫穿使命宣言、願景之目的地，並以核心價值觀當作準繩並檢驗自己是否有偏行正路、偏離正道。

就像《經理人雜誌》〈有疑惑，就回到經營的原點〉一文：「以高品質、低價格的需求、商品不斷地推陳出新，成功突破不景氣魔咒的日本首富優衣庫（UNIQLO）會長兼社長柳井正每當遇到事業轉折點，總會重讀彼得．杜拉克的著作。就像我的伯父一樣，需要他指點迷津時，自然就會來到我的身旁，用淺顯易懂的話語提點。」

柳井正說道：「我成爲杜拉克的信徒。」他似乎意有所指：「松下幸之助是個企業家，是個成功的典範，但那是他個人的經驗，我無法複製他，也學不來他成功的模式，我得自己透過摸索、學習和總結，卻需要付出慘重的代價。但我自創業以來就是以杜拉克的著作爲藍本、爲教材，總是很快地找到成功或失敗的背後原因與邏輯。因爲杜拉克的『管理學』是客觀的規律，並非個人主觀的經驗。或說是杜拉克透過客觀洞察事物的本質，總結出有目的、有條理、有系統的規律，成爲人人可學，而且可以學會的經驗原則與原理，使我們眞正認識到自己應該做些什麼，不該去做什麼，學到有效地自我管理。」

以「長處」作爲自我管理的策略；以發揮「所長」成爲自我經營的目標；以發揮「長才」變成自我領導的藍圖。使自己在漫長的職涯裡找到自己的角色定位，且做出具高附加價值的貢獻，贏得尊嚴與自由、地位與功能。

未來的勞動人口中，有越來越多的知識工作者必須要學會「自我管理」，尤其是「策略性自我管理」。因爲不做策略性自我管理，便無法提升高生產力。他們必須讓自己適才適所、知所歸屬，尤其是能寫出「使用自己的說明書」，才能做出最大的貢獻與績效表現，也必須學會策略性自我發展經營，並在長達五十年工作職涯中，使自己能持續年輕又有活力，且能因應外在變遷而改變自己做事的內容、方式與時機。

能做好做對「策略性自我管理」、「自我經營」與「自我領導」的人都能有所成就，甚至成爲有卓越成就的人。根據杜拉克洞察與總結：「就像拿破崙、達文西和莫扎特，他們向來擅於自我管理、經營發展到領導未來，影響至今。然而偉人畢竟少之又少，非凡的才華與卓越的成就，非凡人能望其項背。」

第七章

找出自己的長處：反饋分析比較法

假如要充分發揮我的長處，我目前從事的是不是最適合的工作，我有沒有被擺在對的位置上？

絕大多數的知識工作者以爲自己知道擅長做什麼，將自己在大學所學當做是專長，甚至是擅長、強項看待，以致於誤己誤人誤用。其實，人們較了解自己不擅長做什麼、不會做什麼。因爲我們不能將績效表現建立在自己的短處上，更不用說是那些自己根本做不來的工作上。

愛因斯坦曾說，只要他的小提琴能拉到可以在交響樂團內演奏的水準，他願意放棄一切，包括諾貝爾獎在內。但是，手臂和雙手之間的協調性，乃是優秀弦樂器演奏者的先決條件，愛因斯坦卻不具備。他極有熱情拉小提琴，每天練習四小時之久，做到策略性自我管理，就是無法如願以償，雖然他也能自得其樂，但演奏小提琴不是他的強項。反之，他總是說自己討厭數學，偏偏數學才是他的天賦所在。

杜拉克爲了找出自己有什麼「長處」，以策略性自我管理數十年之久，打從廿歲不到即採取一個獨特而有效的祕訣：「反饋分析比較法」（Feed Back Analysis Comparison）。據他表示：「當你做出重大的決策或採取重要行動時，先把預期的成果寫下來。九個月或一年後，再將實際成果與預期做比較。至今天爲止，我已經連續十五到二十年採用了這種方法，每次的結果都令我十分驚訝。凡是善用過這種方法的人，也都有驚人的收穫。」

我也是其中受益者。經過十年後，我終於領悟到「當你越做越輕鬆，其成果越來越好時，就是在做正確的事」，而這正確事即正是找到了自己最擅長的長處，這也是自我認識的重點所在。

善於分享自己心得的杜拉克做出總結：

一、專注於自己的長處，能自己充分發揮長才，創造績效與貢獻。

二、強化自己的長才，通過反饋分析很快地發現自己有哪些技能和知識已經是過時，必須得趕緊更新，又有哪些技能需放棄或改善，而新知須進修或取得。

三、很快就會察覺由於妄自尊大，以致無能的無知。有太多人，尤其是精通某領域知識者，常看不起其他領域的專業與知識，否則就是以爲聰明可以取代知識。通過反饋分析，我們很快就會發現，績效不好的主要原因是自己知道得不夠多，要不然就是瞧不起自己專業領域以外的知識。

四、矯正個人的壞習慣。在此，壞習慣是指個人所做或沒做，以致於妨礙效能和績效表現的事。從反饋分析中，我們很快就能看到自己壞習慣是什麼。

五、從反饋分析中也可以看到個人常由於欠缺禮貌因而無法獲得成果。聰明人，尤其是聰明的年輕人，常不了解禮貌是組織的「潤滑劑」。

六、有些事根本不要做，尤其在比較實際結果和預期成果後，很快就能看到個人在哪些方面連做都不必做。因爲你在這些方面連基本天分都不具備，又何必浪費力氣做白工？事實上，每個人不擅長的領域可多著呢！在某一方面擁有一流技能或知識的人本來已不多，更何況大多數人都是在許多的領域欠缺天分，甚至毫無技能可言，連最起碼的表現都很難。所以，知識工作者不應該勉強接受這方面的工作和職務。

七、對於個人不擅長的部分，根本不用浪費力氣做改善。

爲什麼絕頂聰明（他卻自認爲資質尙可）如杜拉克也需要花近二十年來認識自己，找到自己長才甚至於改變心態，令我汗顏！但最重要也是人人都應切記：了解自己「不擅長」的部分是什麼至關重要。我們應該專注做好自己擅長而熟練的事，要讓自己由一竅不通進步到普通水準，要比由精通進步到卓越還更費心力。但是，大多數人，還有絕大多數的老師和組織，卻都只專注讓不稱職的生手能達到中下程度的表現。與其這樣，不如利用這些精力、資源和時間，將原本幹練的好手培育爲卓越的明星。

從一生五十年的職涯生活裡，眞的需要花時間去思考「策略性自我管理」，否則縱然聰明如杜拉克，若他不去挖掘自己、深耕自己，又怎麼能對這個世界有所貢獻，更不用說有什麼影響？

爲了讓一位平凡人能進步成爲優秀的人才，更讓優秀的人可以成爲卓越的人士，究竟有什麼途徑、方法或祕訣呢？試著以一個「生命教練」（Life Coach）來作爲範本（如下圖表）。

經由「反饋分析比較」總結，竟然發現我

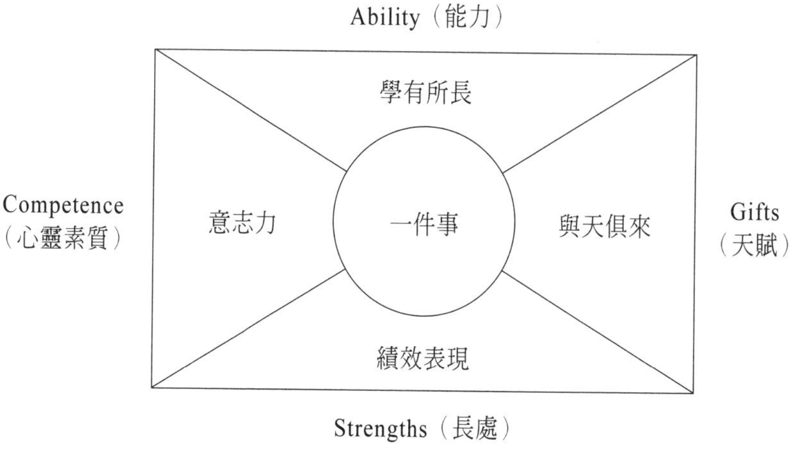

生命教練

的長才居然是「培育人才與知人善任」的能力，依靠著這種能耐，培育一代勝於一代的人才梯隊。基此，我所指導的公司團隊在短短的幾年間即於形成，並步入正軌、營運蒸蒸日上，業務量上升。

之後的五年裡似乎又陷入停滯狀態，爲此，我立即捫心自問自答，且自疑自判十八個月：我的能力（Ability）是什麼，應該是什麼？是培育人才嗎？或是知人善任嗎？還是別的……最後赫然發現居然是「管理力」，即自我管理的能力和管理團隊的凝聚力，可使公司再度起飛，接著再深入「績效表現」（Strengths）分析時，這才挖掘眞正的長處竟然是「領導力」，即決策力——做對事的能力。

接著再釐清、剖析自己的意志力時，發現自己的「心靈素質」（Competence）所展現出的旺盛企圖心與承受高壓力的情緒爆發成反比，以致於無法發展，最終靠著正確的信仰，逐步堅固信心和意志力，形成一股巨大的能量，使得壓力得以紓解。

最終深挖自己與生俱來的「天賦」（Gifts）時，反饋得知自己眞正的天賦原來是「協助他人認識眞正的自己長處和特質」。爲此，約在十五年前即已扮演著董事長的私人教練和生命教練（Life Coach）迄今，一直以來樂此不疲、深受肯定，此時才將自己的角色定位爲「教練」（Mentor），再深層探究之後，始知「問對問題的能力」才是我的天賦。

這整個釐清與探索過程就是「策略性自我管理」，不斷地自我釐清、釐清、再釐清；也不厭其煩地自我探索、分析及總結，才能水落石出、眞相大白，實是一輩子的重大功課。

由於要能做到「策略性自我長處的管理」實是一件偉大的功課，正因爲這樣杜拉克才需花掉近二十年之久的時間反覆探索和省察。這也證實絕大多數的知識工作者之所以低生產力、低薪酬的眞正原因，需要以兼差多元領域方式取得更多的收入，斜槓人於是誕生。

箇中原因則是，在東方的社會價值中，父母視子女爲自己私有資產，因而望子成龍、望女成鳳；而在西方價值信仰裡會給孩子較大的自主權，但相對地，會以紀律要求、承擔責任，尊重孩子選擇與決定，並給予適當的引導和協助。這是東西方文化和信仰的差異，頗值得深省與學習。

杜拉克於一九〇九年出生於維也納，祖籍為荷蘭人。因家學淵源，十七世紀時已在荷蘭從事聖經、講道的演講文稿和其他宗教書籍的出版工作。「杜拉克」（Drucker）這個名字的荷蘭文和德文的意思，就是「印刷者」。

杜拉克出生於極為獨特的家庭，父親阿道夫在年輕即擔任政府高官，並於一九二三年離開財政部，係以抗議奧地利政府對教權主義的傾向，隨後他擔任國際律師。雖然如此，但阿道夫卻熱衷於文學和文化。當他在政府任職期間就創辦了「薩爾茨堡國際音樂節」，且擔任董事局主席多年。

他父親是一位直言不諱的自由主義者，當希特勒於一九三八年入侵奧地利時，他人已到了美國並且在大學教授「國際經濟學」，退休後又在柏克萊教了幾年的「歐洲文學」，享年九十一歲。

母親是卡羅琳是奧地利率先讀醫學的女孩之一。談及母親時杜拉克回憶道：「我十足是她的兒子。我父親有他自己的原則，而母親有洞察力。直到她晚年，尤其病危時，我們還是能夠不必經過溝通就能相互了解。」

當談到父親時，杜拉克充滿了驕傲與敬意道：「他和我是完全不同的人。我們不論對事或人，從來不持相同的看法，也從來沒有相同的興趣。但是我們非常親密，而且彼此尊重。我從小就景仰我父親的完美人格。他交友的天分，對我而言卻完全缺乏，他的勇氣更甚。他對我則完全容忍，即便他認爲我所做的事沒什麼意義。」

在這樣的家庭裡十分幸運，但要有所作爲與成就，得靠自己天賦加上後天的努力。國小四年級愛莎老師就發現了他的天分，並說道：「你的作文寫得不錯。不過，還要多練習，不是嗎？」杜拉克點點頭。「好了。我們現在可以擬定目標了。每周你必須交兩篇作文。一篇是自由命題；另一篇則由老師決定。此外，」她繼續說：「你低估了自己的算術能力了。你的算術好極了……你就可以準備學習高年級的數學，也就是幾何和數學。」

杜拉克於一九二七年修完大學預科，緊接著就先後到英國倫敦、德國漢堡，在出口貿易擔任實習生，這段「社會化」過程，對他日後取得關鍵性的轉捩點，尤其是對管理學之梳理和見解極其重要。一九二九年他一面在報社工作，一面在漢堡法學院就讀，並於一九三一年完成法蘭克福大學法學博士學位，在前年一九三〇年，他就開始以講師身分教授國際法和憲法史。

杜拉克的專長是什麼？大多數人認爲是法學專業。其實他認爲「政治學」和「歷史學」才是他的專精，原因是這兩門課有他「專業而嚴謹的自我訓練」。難怪當《紐約時報》訪問他道：「你最擅長的是什麼？」他從容不迫地回答：「若有，是對商業未來趨勢的變化，尤其是質的變化掌握能力，以及對人性的洞察力。」

專長與長處究竟有何不同呢？專長即自己擁有的才華和專業，可說是潛力或潛能；若能通過工作帶來對人的幫助與問題解決的結果，這就是長處，這就是績效表現。

從這個結果角度來說，就不難理解杜拉克之所以有卓越的成就，就是將自己所學的法學邏輯訓練專業，加入憲法史、政治學以及歷史學的素養，導入齊克果的神學信仰觀、社會與人類何以存在的現實觀，再加上他以「社會生態學者」的超然客觀的求眞精神。正是他有高度的歷史觀以貫穿人類人性的局限性，始能創作出既以「人」爲核心，以「人性」爲訴求，更以人的「長處」爲績效的動態觀，最終建構一套有目的、有條理、又有系統的「管理學」，以對應全球開放而動態的系統觀和創新與創業之需求，讓組織得以進入永續經營之可能實現，這才是杜拉克眞正的長處之所在。

不過他卻認爲他一生是以寫作維生。以「立論」爲定位，以建立一個「自由而有功能的社會」爲願景，窮究他一生的時間和精力貫徹其職志而奉獻。從這點來看，他實在沒有看到自己的局限性或力所未逮。若能建構一個可長可久的機構或許還有可能，奈何前女童子軍執行長賀賽蘋在紐約成立的「彼得．杜拉克基金會」卻被杜拉克本人所否定，最終賀賽蘋不得不更名爲「領導對領導基金會」（Leader to leader Institute）迄今。（杜拉克爲何不願留名在世上，唯一能說的便是「他自認爲自己沒有那麼重要吧」。）

談到軟實力（Soft power），可能是心靈的層面、心理素質和心智能量以及核心價值觀、文化底蘊與自我管理的綜合能力；而硬實力（Hard power），指的是學歷、證照、獲獎、著作……等。若能軟硬兼顧、內外如一，便是所謂的「核心價值」（Core Value），像杜拉克就是箇中典範之一。他高度紀律、不受利誘、信仰堅定、心智成熟；加上他擁有德國法蘭克福大學的法學博士學位，四十一部重要著作，榮獲自由動章以及管理學教父之封號……等，使得杜拉克不爲名利所誘惑，逐漸成爲一代巨人，奠定他罕見而獨特的一種能力——認清現實與不自欺欺人的一種能力即「心靈能力」

（Competence）。而其代表作品就是那本小冊子，《史達爾——保守的政治學說與歷史的變遷》一書。

這本小書是一本共三十二頁專題論文——正是杜拉克國際法的博士論文。書中乃是以史達爾（Fnedrich Julius Stahl）爲主角的專文，這是長期以來被人們所忽視的重要人物，他是一位重要的思想家。他全盤反對普魯士對德國的霸權和民族主義浪潮，終其一生，他在政治上是一個保守主義者，更極力反對絕對的君權概念，他認爲不合法並應以創立憲政主義的法律基礎作爲取代。雖然他是猶太人，但在大學時期即轉爲基督信仰——他致力於發展德國基督教主義的政治學說。

年僅二十三歲的杜拉克雖默默無聞，但他的專題論文卻立刻被德國聲譽卓著的莫爾出版社所賞識。該社出版了在當時是德國最受尊重的法律與政治專題文集——莫爾所編的《法律與政府》文叢，作爲紀念號出版。莫爾出版社就在納粹掌權後六十天出版了杜拉克的論文，讓杜拉克十分欣喜的是，當天剛好是納粹取得政權的第一次「群眾大會」。該書效果遠超出作者與出版社所預期，沒想到可能因書名「保守的」字眼而過關，該書立刻受到廣泛的焦點而大爲轟動。

此時此刻，杜拉克心裡十分明白，以這本書的主題，接下來會發生的事可能會有焚書或什麼的……他必須離開，而且要快，因為他的奧地利護照恐怕無法保證他的安全。於一九三三年四月，他離開了德國，來到一家英國小銀行工作，擔任經濟分析師職務，過了幾年於一九三七年搭船前往美國，在行李中已帶著第二本書《經濟人的終結》（The End of Economic Man）大半的書稿，這也是他第一部以英文出版的著作。由此可見杜拉克以此書正式向納粹宣誓自己的立場與不信任，這也是杜拉克展示膽識過人的心理素質、政治立場以及堅定信仰，與史達爾並肩奮戰且不計任何後果。

談及杜拉克的天賦（Gifts）是什麼？究竟是什麼？數十年來對杜拉克的研究和探索，就像他總結自己的貢獻：「我是第一位認清企業經營的目的不在於企業本身，而是在企業外部——也就是創造與滿足顧客的人；第一位認清決策過程重要性的人；第一位認清組織結構應該追隨策略的人。我也是第一位認清，或至少是首先指出；有效的管理必須通過『以目標為自我控制的管理』的人，這種天賦異稟的罕見能力就是『洞見』（Insight）天賦。」

除此之外，杜拉克的原創概念如下：效能與效率、以目標為自我控制的管理、知識工作與知識工作者、聯邦分權化管理、員工是資源，而非僅成本、企業唯一的目的，乃在於創造顧客、創新與創業精神、民營化、非營利組織管理、自我管理、結構追隨策略、管理是一項工具，更是專業、全球購物中心、跨國企業管理、走動式管理、內部創業、外包、策略管理……等。爲此，杜拉克的另一個天賦則是「概念創見」的能力。

最終，杜拉克一生所專注的「一件事」，究竟是什麼？是社會生態學者？抑或是自我管理、還是創作出書？杜拉克所專注的一件事原來是「自由而有功能的社會」願景，這才是他傾注一生的偉大心願，雖然是失之交臂、未能實現，但他的「管理學」卻是構建願景的最佳工具和專業。

深入探究杜拉克「意志力」的能量如此巨大的原因，歸納其結果有三點：一是學會如何學習的能力，即以每三年選一個主題（Subject）學習，六十年來積累了二十五個不同的領域知識量，他能將相關與不相關的知識透過聯貫（Alternative）統合成一個完全不相關的東西出來，使他能量爆發。二是他既有感性的思維創作能力，像是他著有兩本小說《行善的誘惑》（The Temptation To Do Good）與《最後的完美世界》

（The Last of All Possible Worlds），又有理性邏輯具高度抽象的思維能力，使他得到平衡的發展，人格得以昇華。三是他擁有堅定的信仰、是一位虔誠的基督徒。

當他晚年時被編輯問到來世問題時，他回道：「我是一個非常守規矩的傳統基督徒，這句話足以說明一切。不去想那些事，我被教導不應該去想那些事，我的本分是，時候到了便坦然接受。」編輯再問：「那應該是很安然自在了？」他道：「是的，我每天早晚都禱告；讚美上帝的美好創造，阿們。」（取材自《旁觀德魯克——一位智者的人生影像》）

杜拉克自認對「管理學」的貢獻：「我自認最重要的貢獻是什麼？我認為是很早便認識到（將近六十年前）管理是組織性社會的一部分，具有基本的功能。管理並不只是『企業管理』（雖然最初是在企業界引起注意），而是現代社會所有機構的治理要素。還有確立了『管理學』本身的研究價值，並將這門學科重心放在人與權利、價值觀、架構與組織。以及最重要的『責任』，亦即在研究『管理學』時將之視為真正的人文教育。」

值得一提的是杜拉克「對人類的終極關懷」究竟來自何處？或許是一個受造者對上帝的回應，更是與生俱來的天賦，值得我們景仰與效法。

第八章

林書豪的三個教訓與三個蛻變

人類不必活在絕望裡，也不必活在悲劇裡——
人類存在於信仰中。

世上激勵人心的故事何其多，但在NBA和CBA球場上確實不多見，尤其是一位不折不扣的華人——林書豪。

早在年僅五歲就接觸籃球，在爸爸的引導下啟蒙、在媽媽的要求下開竅。幼小的心靈早已烙下他對籃球的熱情和憧憬，加上當年叱吒風雲如日中天的籃球之神麥可·傑克森的助威下更甚。

「獨立人格需要從小養成、自律做起。」被問道如何教養林書豪時，林媽媽吳信信說道：「確實如此，但究竟怎麼做才對？」她繼續說：「教養孩童，使他走當行的道，就是到老也不偏離。」爲此，她認爲，讓孩子有顆敬畏神的心，可以跟神有親密關係，並走向正道。編輯又問：「難就在難這，要從何著手呢？」吳信信回道：「要從基督徒父母自身做起！」

除了父母以身作則外，在生活上，吳信信堅持要林書豪多吃美式食物，在大學之前很少碰到米飯，且以攝取營養爲主，以確保他良好發育。

在功課上要求嚴格絕不妥協，林媽媽負責督導成績，尤其到了高中階段，課業繁重，加上練球、比賽，十分吃力，但吳信信不是問林書豪功課做完了沒，而是問「下個禮拜跟學期計畫」排了沒？只要成績一退步，立刻限縮打球的時間且訂下紀律，並一路陪伴直到做好才會給予鼓勵。

林書豪說：「當我被擊倒時，我會試著再站起來，或者重新來過，我不喜歡放棄，我是一個很固執的人。」正是這個固執、不懼挫敗的態度，才能讓林書豪於一夜之間席捲全球、征服千萬球迷。

《國際先驅論壇報》下了這樣的標題：「林書豪的崛起背後，是一個家庭的推動力。」吳信信回應道：「與孩子一塊訂目標、激發夢想、開發孩子的潛力，甚至給予最嚴格的訓練，都是培養孩子『熱情』的重要成分。」父母給了林書豪他想要的，也發現了他對籃球的天賦與熱情。並支持他追求夢想的動力。至於美國籃壇給不給他機會呢？那就得靠豪小子自己努力去爭取了，這是家長無法決定的。

接著吳信信說道：「每個孩子都有他的獨特性，我無法每次都套用一樣的方法。」確實，擁有三個男孩的林媽媽已領悟箇中的奧祕。

談及功課和信仰孰重孰輕時，林媽媽說：「你把什麼看成最重要的呢？是課業還是信仰呢？當你把什麼看為重要，孩子也會把這看為重要。」林書豪上高中時，有學校課業、打球、教會活動等等，各種事，十分忙碌，甚至還需要上補習課程。但是她會告訴孩子，不論上什麼樣課，都不能影響到教會團契和主日的時間，甚至她願意開車載孩子到不同地點去上課，只爲了避免影響到教會的生活。

有一回林書豪去參加「暑期籃球訓練營」，當時他已比其他孩子厲害，所以教練難得的吹犯規，讓他不服和抗議，最後受到教練責備。回家後表示，自己不想再去訓練營了。當時，吳信信教導孩子「不能半途而廢」，即使對孩子所發生的事感到心疼，更何況訓練離結訓僅剩最後一天。但她仍要讓孩子知道，當初承諾過的事，就要忠實地履行。

關於「我是誰」？生活在北美，亞洲人膚色與其他人不同，在這環境下，她要讓孩子知道，自己是被神所愛的，神的愛不會因各人的長相或外在因素而改變，自己乃是神所創造的，神創造他是有其目的存在，自身的身分與價值不是由他人來定義的。吳信信自省道：「我要強調，我真的犯過許多錯，但是孩子們會原諒我，是因爲在神的愛中，他們發現自己也是不完美的，所以不會要求我完美，甚至感謝我在他們身上，做的並不完美的事。」

爲了不妒忌或驕傲自大，吳信信是怎麼做的呢？林書豪自小時常獲得比賽獎杯，有回他榮獲 MVP（最有價值球員）獎杯，他回家後十分興奮地將它放置在鋼琴上，即最耀眼的地方。置放一天後，吳信信就讓他把獎杯拿回去自己的房間裡。

爲何這麼做呢？因爲當客人一進門，第一眼就會被獎杯所吸引住，進而開始不停地誇獎林書豪。但她不想讓其他孩子感受到家中只看重某個小孩。

說到籃球，不得不提林書豪爸爸林繼明博士。他害羞說道：「我有籃球癮，看 NBA 球賽就像在讀博士班研究一樣，對籃球我有無限的熱情。」但年輕時代的他從未參加籃球隊，也沒有延續他的籃球夢，在普渡大學取得博士後即投入晶片的研發工作，不過他還是對籃球有顆赤熱的心。

沒有辦法在自己身上實現夢想，也許可以在下一代築夢成眞。爲此，他帶著三個兒子自幼開始在球場上奔馳與熱汗直流。雖然他們一開始似懂非懂地學習籃球的觀念與基本動作，不是接受專業的訓練，但很快地，他們迷上了這項運動，在球場上追逐、奔跑、斗牛及競技，父子之間因擁有共同的樂趣與籃球運動，成了籃球世家。從這角度看，父親才是林書豪與林書緯的啟蒙教練（大哥林書雅則是醫師）。

林媽媽教做事紀律與資源統合的能力；而爸爸卻給他毫無條件的支持和夢想。這是家人給予的愛與動力的保證，並加上能持續前進永不放棄的信念。

林書豪在年輕時常常自我暗示著：「我希望我能長到六呎高……」問題是，如何才能長高呢？由於父母的身高都矮，在遺傳學基因上很不利。當年和他很有交情的陳傳道就問林書豪：「你要怎樣才能長到六呎身高呢？」林書豪說道：「每天瘋狂地喝牛奶。」林媽媽為了完成兒子的夢，經常購買大加侖牛奶給他喝。林書豪就把牛奶當水喝，若不能到達六呎目標，至少也要像大哥五呎十吋一樣高。他不僅僅猛喝牛奶，還積極吊單槓，相信這方式能拉長脊椎，有助於長高。

神蹟果然眞的發生了，到了高二時居然長高了有九吋之多，緊接著又長了三．五吋，身高來到了六呎三吋。然後，他帶領著帕羅奧圖（Palo Alto）高中贏得了州冠軍。他的教練（Peter Diepenbrock）給了他這樣的評價：「他是一個領導者，他能讓隊友變得更好，並且享受比賽，這是他獨特的魅力，可以感染場內、外所有的人。」

若從學有所長來說，林書豪既有籃球長才，又有哈佛大學的光環，他主修經濟學副修社會學。換言之，林書豪就算不打球也不難在華爾街找一份工作。這樣的家教結果顯然是最佳的結果，因為它既具備了競爭能力，又取得平衡，儘管過程極其艱困與難熬，他卻克服心理障礙（可能的種族歧視）以及東方人的脆弱體質（雖然從小就以美式垃圾食物為主）。雖說這是天生的短板，是不可逆的現實，但他卻打了勝仗。

探究林書豪的長處是什麼？當然不是他主修的經濟學與社會科學，應該是籃球智商和籃球天分的才華展現，始能登上籃球的最高殿堂NBA，成為頂尖後衛。在職業籃球上，也許他沒有頂級的體能、頂級的體格、頂級的技術，甚至在講求天賦的籃球運動項目中，他終究很難成為所謂的「NBA頂級運動員」。

雖然如此，但若以比賽的影響力來看，他確實是一位不折不扣的頂尖球員，為什麼呢？比如，他解讀比賽的能力堪稱是一絕。不僅僅是視野寬廣、而且傳球到位；其次，他組織球隊的能力使得球隊進攻流暢；他不獨幹刷分，而是協助隊友得分；他防守與補防的意識強烈，時常運用戰術讓對方犯規。談他的影響力，即影響比賽的數據正負值（PIE值），例如保羅（Paul George）13.6，厄文（Kyrie Irving）是13.5，而林書豪在其中一季高達13.1值，由此可見，林書豪可以說是頂尖球員，一點也沒錯（PIE即Player Impact Estimate，換言之，也就是對比賽的貢獻值，這是綜合衡量球員對比賽影響的數值）。

偉大的心靈往往來自非凡際遇，林書豪自幼熱愛籃球運動，一開始並沒有要成爲職業球員，直到高三那年，他帶隊打出三十二勝一負的戰績，並被選入加州第一陣容。此時教練才鼓勵他道：「你若眞的熱愛籃球，可以嘗試看看。」最後才下定決心，走上職業籃球這一條路。

他拿到加州冠軍且贏得MVP（最有價值球員），卻得不到一份籃球名校的邀約，他只能自己聯繫可能的籃球大學，卻沒有一所大學願意給予機會。最終僅有一所冷門的哈佛大學提供他加入校隊的機會，但沒有提供體育方面的獎學金，哈佛並非看上他的籃球才華，而是他漂亮的成績。

結果在四年大學生涯中，他連續被選入「常青藤最佳陣容」，畢業時榮獲「鮑勃．庫西獎」（這是爲大學設立的「最佳十一位控衛獎」）。

這些並沒有帶給他任何幫助，結果還是在NBA的選秀中落選了。更糟的是，他在大學籃球時期雖有了不小的名氣，但既沒有因此獲得任何機會，又要忍受球迷的「嘲諷與歧視」。例如有位球迷指著林書豪的雙眼說「小眼睛」，更甚者，比賽對手居然用不雅的字眼侮辱他，他的隊友向裁判提出抗議，差點演變成群毆事件，然而裁判根本不理不睬。這是什麼樣的世界呀！

擁有虔誠基督信仰的林書豪，只能求助上帝的垂憐與安慰。處在他鄉異地裡又如何憑靠著信心和毅力、專注和勇氣不被擊倒、接著繼續挑戰？在他職業生涯中，可說是跌宕起伏、載沉載浮，還要承受種族歧視、媒體的冷嘲熱諷、球迷的失望與氣餒，還好有家人的支持和鼓勵。林書豪在大多數的時間裡都處在一個兩極化的現實殘酷裡，高峰來臨的同時卻伴隨著低谷，他偏執著地從低谷奮起，眼看高峰瞬間激起卻很快被大浪澆熄。人生如此寫實，沒有預兆、沒有劇本、沒有過渡、更沒有導演。他卻扮演著自己職涯中的鬥士，主人以及眞正的執行長（CEO），越挫越勇、淬鍊心境、不畏失敗、勇往直前，這就是林書豪千錘百鍊、堅韌無比、厚積薄發、煉淨品格、激勵人心、動人心弦、感人肺腑之所在，正是年輕學子學習的典範之一。

打從選秀落選後，林書豪好不容易幸運地代表NBA小牛隊出戰夏季的聯賽，他展現出前所未有的拼勁，得到勇士隊的回應。二〇一〇年他爲勇士隊出戰二十九場，因爲每場僅僅短暫現身，無法有什麼表現，更何況在這段期間他游走於NBA和發展聯盟之間，就好像來不及退冰，又要回到冷凍庫的狀態。隔年整個ＮＢＡ因勞資談判停擺，此時林書豪更不知何處是歸程。

就在此刻，勇士隊裁掉了他。緊接著火箭隊短暫簽下他，結果一場也沒有打就被放棄了。之後，因傷兵滿營又缺控衛的尼克隊又簽下他。此時林書豪又回到看管飲水機和遞水的工作，並徘徊在發展聯盟之間往返。他租不起昂貴的房子，住不起旅店，只能借住隊友家中的「沙發」上度日，吃著省錢便宜快餐。他不曉得這樣的日子還要多久，經歷著一次次挫敗、不被看好，感受著受人擺布、任人支配的殘酷現實，他卻固執地堅持下去。

皇天不負苦心人，總算，命運站在林書豪這一邊，機會已轉到他的身上，他人生的關鍵時刻來臨。一場尼克隊對藍網隊的比賽，經紀人提醒他這場比賽之後，他有可能會被尼克隊裁掉。爲此，該場極有可能是他最後一場比賽，他又將過著住沙發、流離失所、漂泊不定的明天。

就在這千載難逢的機遇中，第一節僅剩三分三十秒，林書豪終於登場了，他雙眼射出光芒，等待著此刻。

首節四平八穩度過，沒有好表現，也沒失誤；到了第二節他逐漸進入狀態，逮到搶斷球立即飛奔著快攻上籃得分，緊接著利用擋拆戰術傳到籃下隊友扣籃取分，教練德安東尼持續讓他留到中場結束，他獲得六分三籃四助攻。

第三節一開局，林書豪又得到很好的機會，利用隊友錢德勒或史塔德邁爾主打擋拆，製造投籃或突破，再不然給隊友空接。到了末節兩隊平分秋色，陷入焦灼之戰。此刻林書豪奮力一搏、不顧一切，他單節飆起分來居然七投五中高命中率得十二分，結果主導一切，笑到最後，這場比賽他勇得兩隊最高分數二十五分，七助攻五籃板二搶斷。

這過程歷歷在目，就算是林書豪本人也不敢相信，因爲來得太突然、太意外了。尼克主場瞬間燃燒、沸騰不能自己，包括在電視機前的我也不能例外。

尼克隊主場球迷瞬間引爆歡呼聲，響徹每一個地方，透過電視、網路席捲全球傳遞每一個地區，讓我們見證二〇一二年二月四日那個神奇的夜晚，「林來瘋」（LiN Sanity）「哈佛小子」林書豪迅速竄紅，因他而誕生的單字激發出球迷和媒體以 Lin 爲首的創意造字運動，如 LiNpossible（林可能）、LiNderella（林灰姑娘）、LiNcredible

（林神奇）等。球迷們的想像力眞叫人嘆爲觀止。

接下來對爵士隊，林書豪就像救世主一樣，扛著傷兵滿營的尼克隊又贏下第二場比賽，他在第四節單節就得十二分，全場他勇得二十八分八助攻。第三場對奇才又得二十三分十助攻，又是一場勝利。

關於對林書豪的新聞越來越多，占據頭版頭條，電視專題的報導也越播越長。整個體育雜誌都以他的封面作爲標題，甚至上了《封面人物》（Cover Story）。就在這關鍵時刻，眞的需要一位巨星來檢視一下，更能驗證林書豪實力的眞假。正巧的是尼克隊要面對湖人隊挑戰，媒體便訪問了超級巨星科比，科比卻問道：「林書豪是誰？」這評論加大林書豪的討論度張力，使得那場比賽更受矚目。沒想到，林書豪在那場比賽中耀眼的表現更增添林來瘋的熱度，林書豪得到三十八分七助攻，在科比面前出盡風頭。

重頭戲推至極端，緊接著對森林狼，他獨得二十分六籃板八助攻；來到猛龍隊，林書豪獲得二十七分十一助攻，最燦爛又石破天驚的最後絕殺，此時兩隊戰平在最後讀秒之際，萬眾矚目、大家屏息以待，林書豪在死寂的球館內運著球，調整節奏，眼神略瞄德安東尼教練，逐漸靠近三分線時，他乾淨俐落地出手，球以拋物線完美「唰」一聲應聲入網，球場頓時目瞪口呆、一片寂靜。

猛龍之後又贏下一場，連下七城、連勝不止，林書豪又得二十四．四分、四籃板、九．一助攻。任誰也不敢相信，這位藉藉無名的華裔小子居然締造出不可一世、神蹟般的七連勝紀錄。更何況以尼克隊殘缺不全、無法成局的慘況，居然贏球而且七場硬仗都贏，這不是奇蹟，而是神蹟。每每當他面對著電視鏡頭時，會展現他少有的情緒張力，瘋狂的狂吼著，享受著那得來不易的聚光燈，以及囤積許久無法釋放的能量。

在極度競爭的NBA殿堂裡，六十年來似乎跳脫不了適者生存，優勝劣敗的殘酷現實。昨日是隨時都可能被裁的邊緣小角色，但經歷數日之後卻搖身一變成爲全世界炙手可熱，無數人心目中的勵志偶像。響徹雲霄、家喻戶曉的蓋世英雄可說是前無古人、後無來人的重現。

命運總是捉弄人，林書豪也不例外。林來瘋之後尼克隊並未如先前宣稱那樣留下他，甚至於連一份報價都省了。最後他以三年兩千五百一十萬美元加入火箭隊，接著兩年後又被交易到洛杉磯湖人隊與科比併肩作戰。

在這三年期間，不論是火箭隊或湖人隊，他總是得不到重用，除了定位不明外，還有可能是受到排擠或無法證明自己的能力，他又跌落谷底。尤其在湖人隊時嘗盡一整季輸球的痛苦，就如他在對馬刺隊客場之戰時，他健康無恙卻遭雪藏。當天晚上林書豪回到家便情緒潰堤、嚎啕大哭，他覺得又被拋棄了，感受到難以形容的痛楚。

時間來到二〇一五年夏季，合約到期的林書豪卻等不到任何球隊要他。他只能尋求一份只有底薪的合同，這種等待對他而言又是五味雜陳、無法消受。然而上天垂憐，黃蜂隊遞出橄欖枝，以底薪簽了他，使他至少有球可打。

他珍惜這個來之不易的大好機會，雖然作爲一個在替補席的角色。但他沒有忘記他的初衷，就是全力以赴、使命必達。眞是來得是時候，他那豁出去的大心臟，很快地在黃蜂隊施展開來，有時在關鍵時刻的重要一擊，都能讓身爲黃蜂隊的籃球之神大老闆麥可．喬丹瞬間起身振臂高呼。在落寞多年的他終於找到一個適合自己的角色定位——關鍵第六人，一個願意給他施展舞台、揮灑自如的環境，他似乎又因此爲之一振且憧憬著未來。

林書豪作爲關鍵球員協助黃蜂隊打進季後賽，但卻沒有讓黃蜂隊青睞，奉上新合約，反而被紐約的布魯克林藍網隊簽下，提供他一份三年三千萬美元的巨額合同，這個合約給林書豪正面的肯定與價值的承認。

眞是不可思議，林書豪又舊地重遊，回到震懾人心、席捲全球的尼克隊球場，只不過人與物皆非。換上了布魯克林藍網隊，這裡曾是他揚名立萬、瞬間爆發的場館，如今重返又代表了什麼？

但命運總是峰回路轉，他沒有如願地再創高峰，反而跌入深淵之地。第一年他小傷不斷，僅上場三十六場比賽，毫無表現。來到第二年，在例行賽的第一場他得了十八分，可是當他在一次快攻上籃時被封蓋，以致重重地摔下來，結果，他雙手抱住雙膝連喊五次「我完了」（I am done），臉上露出極端痛苦的表情與流下淚水，球迷的心又碎了。這一天是二〇一七年十月十九日，醫生經診斷確定是「右膝髕韌帶斷裂」，林書豪在藍網隊的夢也眞的完了。

球員本來是倚靠膝蓋支撐、跳躍、速度、突破與橫移能力以及爆發力，受傷後投籃的準確度恐怕也會受到傷害，球員接下來的籃球生命和舞台可能會斷送。

然而「意志力」（Competence）堅定的林書豪並沒有放棄，靠著他那巨大的心靈、永不放棄的鬥志與信仰，他咬住牙根，戰勝自己，再度勇敢站起來。林書豪傷癒復出，加盟了老鷹隊，雖然已時不我與，能力大不如前了，但卻給了他一生中最重大的意義，即是老鷹隊勇奪總冠軍。在NBA多年顛沛流離、居無定所，上天卻給了他永難忘懷的殊榮——總冠軍戒指。

林書豪之所以能激勵人心、折服世人，並非他的球技、球商，而是他的越挫越勇、越敗越堅、不向命運低頭、不被世界擊倒的意志力。豪小子歷經重摔大傷、遭受歧視、不被看好、不受重視，體會人世間的黑暗和殘酷，這一切的一切在在地阻擋他實現追夢的步伐，卻絲毫撼動不了那神奇的林來瘋熱潮。儘管如此飽受磨難，上天依然給予他獎賞，在他的職業生涯中，他獲得一枚極其珍貴的桂冠——NBA總冠軍戒指。

回憶過去林書豪在台以「超越困境」爲題闡述他所學到的眞正功課，有三大教訓：

第一教訓：先發變替補，拿出勇氣去面對。林書豪說：「因爲教練團跟我說先發控球後衛位置尚未確認，這讓我深感氣餒。我先前並不知道他們不讓我先發，而我已拚命鍛鍊整整五個月，期待成爲火箭隊的先發控衛，所以這消息讓我十分焦慮，我甚至瀕臨崩潰，無法成眠。」

「大多數的人都不曉得，其實打從在大學開始，我就會深受賽前焦慮所苦。尤其在大學的最後兩年以及在ＮＢＡ前四年裡，每場比賽之前我都會非常緊張，深怕打不好，不論我做什麼，我都無法掙脫賽前的焦慮感。我記得我懼怕、痛恨比賽的日子，因爲我會極其緊張，有時會嚴重到賽前一晚睡不著直到天亮，而且比賽當天無法進食。」

由於太在乎輸或贏差點失去自己。爲此，林書豪跪在神的面前向祂呼求，接下來兩周內發生了不可思議的事：「我讀到一節很扎心的經文，接著媽媽、友人都傳同一節經文給我，甚至連網路上的圖片以及弟弟留在我房間內的一條項鍊上都刻上一樣的字句：『我豈沒有吩咐你嗎？你當剛強壯膽！不要懼怕，也不要驚惶，因爲你無論往哪裡去，耶和華你的神必與你同在。』事再巧、經文再妙，也不可能在同一時間出現六次之多，而且都針對我。我當然確信神在對我說話，所以我雖失掉先發位置，但內心卻獲得極大的安全感。因爲我完全明白我在爲神而打，爲主而戰。」

「困擾我六年賽前的焦慮感，在這個時刻竟然離開我了。你們曉得坐板凳球員最棒的部分是什麼嗎？在賽前我開始做各種不同的事，以往我只會整天吃和睡覺而已。但如今這一年來，我卻在玩『Dota2』之類的線上遊戲。」

第二個教訓：不得意，反而越要謙卑。「紐約一夜成名之後，帶給我的反而不是全新的自己。我心中有些心願，也有很棒的計畫，我要持續擔任先發控衛，但偏偏我的數據連續兩年驟降，上場不到二十分鐘，命中率是百分之二十九，每場僅六分，助攻和籃板不到三個，這樣的表現實在糟透了，我感覺自己一無是處，十分沮喪。」林書豪訴說道。

「這段期間反而讓我學會謙卑，我發現我搞錯了重點，在低潮的時候將把神當聖誕老公公，禱告『我要什麼』或『我覺得自己配得什麼』，當我沒看到成果，我就開始抱怨，爲什麼我會陷入低潮？爲何人生如此不公平？爲什麼其他球員表現優異，而我卻越打越差？爲什麼我的生命歷程總是看來最辛苦？」

最後林書豪領悟到：「人無法決定自己得到多少，但可以決定如何管理自己所擁有的。」

第三個教訓：戰勝挫折，才是眞正的成功。他回憶著這刻骨銘心的經歷：「我在那年季後賽第四戰時犯下致命的失誤，結果讓拓荒者隊贏得勝利，還記得在賽後我感到十分沮喪、挫敗。即使我整個球季都賣命鍛鍊，卻在那一瞬間，因爲我的失誤，我們的整個球季很可能就這樣結束了。」

「在二〇一四年四月二十七日那一個晚上，我在自己的日記這樣寫著：『除了幾年前被NBA球隊釋出之外，我從未對自己這麼失望過。』」

接著他說：「那大概是長久以來我經歷過最艱困的時刻。但就在這一個夜晚，上帝教導我在休斯頓火箭隊所學到最重要的功課——『眞正的成功是什麼？祂讓我看見眞正的成功乃是存在於挫敗之中』。」

「是的，我在最重要的季後賽中犯下嚴重的錯誤，是，我不再是先發控衛，我受歡迎的程度每況愈下，分數連續兩年都下降。但這些挫敗，正在逐漸地磨掉我心中的驕傲、自私的野心以及以自我爲中心，那才是眞正的成功。」

沒有一點瘋狂，就不可能有林來瘋；沒有一點堅守，就不可能成就非凡的豪小子。誠如他自己的回顧：「兩年前的林來瘋讓我站在世界的頂端，但我卻感到空虛；這一整年我有三個極爲慘痛的經歷。也因爲透過這三個困境，讓我學到三門寶貴的教訓，失去先發控衛教我學會勇敢，低谷時教我學得眞正的謙卑，以及要命的失誤教我學會眞正的成功是什麼。」

「從籃球的角度來說，我可能看起來比我當年的菜鳥時期更爲貧乏，但是在我內心深處，我卻比之前更富足，即使有許許多多的挫敗、即使一直有被交易的傳聞、即使我球衣的背號（七號）給了他人，我仍然滿心喜樂、平安，超越當年林來瘋的成功。」

（取材自《今周刊》一文）

然而，林書豪還在持續打球、持續追逐、面對挑戰。二〇一九年隨著幸運之神的多倫多暴龍隊奪下NBA總冠軍後，他乏人問津，消失在NBA球場上。就連他自己也無法接受這項現實，他感嘆道：「NBA拋棄了我！」事實上，林書豪徹底地失去了競爭力，尤其是在籃球的最高殿堂。

他的下一步是什麼？在哪裡？何處是歸處？這是林書豪自己要去面對的功課。最後，林書豪由NBA轉戰CBA加入北京首鋼隊，進入一個全新環境和更加具有挑戰的壓力，沒人有把握他能確保自己的身價與表現同等值。由於他以高薪加入，人們將以放大鏡檢視他的一切，單是他的高人氣和高知名度光環，就足以讓他一躍成爲CBA中國職籃最受關注的對象，屆時他個人的分數與球隊戰績，將一定會被放大檢視，足見壓力之大。

在NBA待了九年，卻在八隊待過，轉隊對他而言並不陌生，但來到CBA並非轉隊，而是轉戰，確實需要適應和表現，否則球迷和粉絲們的高期待很可能變爲高挫敗。

因爲CBA的生態與文化、裁判與執法、球員與球品、體系與規則，都完全不同於NBA，對於林書豪來說是既熟悉卻又陌生的開始，熟悉的是「一顆籃球加上一群隊友，一座籃球場加上兩個籃框」，除此之外，都是陌生的，需要重新學習。更何況林書豪又是首鋼隊看板球星，是球隊的靈魂人物，甚至是球隊的領導者，有很大的責任。如此一來必然內外艱巨、格外矚目。爲此，林書豪如何儘快地從心態上調整、體能上強化、生態上掌握、文化上融入、隊友上默契以及教練戰術上發揮、裁判執法尺度適應和配合都是高挑戰、高要求，這些都將是決定他在CBA的價値與地位。

結果不出所料，他是各隊最受關注和對待的球員，也是「摔倒王」，是摔到次數最多的球員。單是CBA半決賽「京奧大戰」的第一場時，媒體有人做了統計，一共倒地就有二十七次之多，要知道那場比賽林書豪總共得了二十三分。甚至在這個賽季他出場四十三場比賽裡，一共被侵犯高達三百六十五次，換言之，每場比賽被對方犯規高達八．五次之多。如果只算是前二十四場比賽，其場均九．六十六次被侵犯，這就不奇怪他全身是傷、臉上掛彩。若連該判未判的被侵犯次數，恐怕就難以估算，難怪他在接受《北京青年報》採訪時，透露自己倒地背後所承受的傷痛。他說：「我的舊傷、鼻子、眼睛、耳朵都很痛，甚至在打完比賽後我連聲音都是聽不到的。」

一次次摔倒、一次次爬起，即使是手肘搓破、嘴唇破裂、膝蓋血流、眼角出血……他的防守意志和勇氣依然堅定，絲毫不減。他是能在整個賽季勇得二十二．三分、五．七籃板、五．六助攻和一．八搶斷的出色分數，這不包括他的解讀比賽和組織球隊的能力在內。

從 NBA 轉戰 CBA、從暴龍回到首鋼、從冷板凳到

心智決定視野

視野決定格局

格局決定命運

命運決定將來

心智決定命運表

領導者、從被拋棄到贏得尊嚴。這個歷程在CBA被放大、被書寫、被肯定。他入選明星隊先發，並獲選爲「亞洲籃球總會」年度最佳控衛和年度第一隊，且帶領北京首鋼隊打出五年來的最佳成績。這當然並非林書豪一個人的作爲和功勞，但更值得我們喝彩和激賞的不是這些成績與桂冠，而是他的蛻變和成熟，亦即他的巨大心靈與人格特質展露無遺，帶給我們如無懼之寶的那些東西。

轉戰CBA之後，他認知到自己是北京首鋼隊的領導者，肩負著帶領球隊衝鋒陷陣的偉大使命，他變得更積極、更主動、更跑位，不論場上、場下、休息室，都會主動與教練、隊友持續有效溝通、提醒、鼓勵和配搭。在關鍵時刻會主動挺身而出，在對廣東宏遠隊半決賽中更是賣命演出、滿血奮戰，再度實現重返半決賽的里程碑，展現出他所帶來的影響力，這是第一個蛻變：「領袖氣質」。

其次，在防守上全面進化，在對的時間防守對的人，造成進攻犯規，說實話，對於曾重摔過的他實非容易，還要戰勝自己心理上的障礙，這就更困難了。

更何況他效力NBA的過往並不是以防守見長，加上他重傷與年紀漸大，常理上應該是越退化、越怕傷害才是，沒想到這季他防守意識和膽識竟然判若兩人、無可取代。他的任務是防守「外援」，這在ＣＢＡ場上是少見的工作，因爲任何外援無不是以得分爲主，就是搶奪籃板來的。爲此，林書豪在防守端會消耗極大的體能，往往會影響到他進攻上的發揮。然而他卻在這兩者之間拿捏得如此的好。由此可見，他第二蛻變是：「防守悍將」。

最後，林書豪每一場球不管自己發揮好或不好，總是不忘鼓勵隊友、安撫人心。不忘提醒隊友、不吝給予讚賞、不斷指導新秀，處處以身作則、時時分享心得。自己表現搶眼不爲己喜，表現糟透不爲己悲。主動攬責、願意承擔，不但對隊友主動關懷、協助，也會適時地給教練分勞擔責、鼓勵與賞識，這些就是他的第三個蛻變：「心靈導師」。

尤其處在疫情期間，林書豪不論人在美國或是中國，總是關注著中國的抗疫進展。當他看到第一線抗疫英雄將自己名字寫在防疫設備時，他快速地送出溫暖的話語：「往前看，人類種族需要團結的力量才能成功抗疫新冠病毒，我們在這個星球上都是同一個隊伍的人，然而一支隊伍假如內鬥的話，是不能抵抗、擊倒對手的。」

當年正進入複賽的緊張時刻，他寫下了這段感言和呼喚，在網路上引起極大的迴響：「所以要建造橋樑，而不是圍牆，建造人與人之間的、社群與社群之間的、國與國之間的橋樑。」林書豪的心靈深處沒有地域、種族、語言上的界限，他是一種身分、一份責任、更是橋樑的建造者——「世界公民」。

自古以來，人類遭遇任何災難、挫敗、傷害，若超出自己可承受的能力範圍時，只有極爲少數會選擇面對，再不然也會求助於人；但絕大多數人大都會選擇逃避、故意忽略它或者當它不存在。但就算是面對它或求助他人也不見得有效、有用，該怎麼辦呢？從歷史上有記載以來，都一再地證實必須得仰賴那看不見、超自然的力量，才得以化險爲夷或度過難關。不像樂觀主義者聲稱：「人生可以通過時間達到永恆不朽、個人可以在社會實踐自我，但是只要死亡存在的一天，這種樂觀想法只會產生一種結果：『絕望』。」誠如德國的自然學家恩斯特．海克爾曾明白地指出：「達爾文主義的生物學家將使人類長生不老；不過，預言成空，只要死亡存在，人類的生命依然超脫社會和時間，這是一件截然不同的事情。」

第九章

林書豪與杜拉克「對人類的終極關懷」

每個人要傾聽來自內心微弱的聲音。

彼得·杜拉克在十七、八歲無意間讀到一本小書《恐懼與戰慄》（Fear & Trembling），爲了深究其中奧祕，他居然學會丹麥文，重讀原文書。出自丹麥文學家、哲學家以及神學家齊克果之手，此書具備了眞知灼見，提供生命的答案，人類不必活在絕望裡，也不必活在悲劇中——人類存在於信仰裡。因爲罪惡的反義詞不是美德，而是信仰。

杜拉克在三十三歲任教於班寧頓學院演講時領悟道：「信仰絕對不是今日所謂的『神蹟』——這些顯然靠著氣功、禁食、迷幻藥或是過度耽溺於巴哈音樂就可以有的經驗。信仰只有經歷絕望、悲劇、長期痛苦與永無止境的磨練，才達得到。這不是非理性、情緒、感性或自發性的；這是經過深思和學習、嚴格的紀律、全心奉獻與堅定意志的結果，只有少數人辦得到，但這是所有的人能夠、也應該追求的境界。」

這些少數人之一的林書豪就是杜拉克所要表達的境界，這也是林書豪籃球生涯中最恰當的寫照之一。

這大概是杜拉克所要說的靠著堅定的信仰或信心的意志力，因靠著那加給的力量可以讓不可能化爲可能、絕望變成盼望。藉著這個超自然的力量讓學有所長

（Ability）、籃球的長處（Strength）以及心靈能力（Competence）成爲最美的祝福，就像林書豪所謂：「成功乃存在於挫敗之中。」可以更傳神的直白：「成功則在於挫敗裡孕育著偉大的心靈能力。」的確如此，唯有擁有一股源源不絕、取之不盡的力量，才能用如同盤石般的堅定信心，戰勝挫敗、積累能量、超越自我、使生命重生，使得人生更有價值、更富意義，成爲更多更多的人的榜樣與學習教材。

難怪他會在《旁觀德魯克》一中接受訪談，道出一生中的奧祕：

編輯問：「最後，我有一個問題，希望您能回答，請您不要認爲我太貪心。您很長壽又很用心思考生命和生活，現在您已九十五歲高齡，您究竟是如何看待來世，還有上帝？對於那不可避免、逐漸逼近的轉折時刻，您是怎麼看？」

回答：「我是一個非常守規矩的傳統基督徒，這句話足以說明一切。不去想那些事，我被教導不應該去想那些事，我的本分是——時候到了便坦然接受。」

又問：「那應該是很安然自在吧！」

回答：「是的，我每天早晚都禱告：讚美上帝美好的創造！阿們。」

從杜拉克簡單而具體的回應中不難看出他在與神的連結上是何等的敬畏和虔誠，

也呼應他之前的回應與行動。歷經一戰、二戰慘不忍睹的浩劫與人禍，確實能感受人的敗壞以及生命的脆弱，唯有正確的信仰才能全然交托給造物主，甚至於不斷地悔改，達到可能的境界。

然而，林書豪的故事還沒有結束，沒有最慘，只有更慘，正等著他去面對、去考驗，他會放棄嗎？

二〇二〇年，林書豪爲返ＮＢＡ圓夢竟再度踏上攻頂之行。他說：「當自己昨日跟家人和友人分享這個決定時，我一度哭了。我需要離開中國，我哭了。因爲我曉得今年是多麼特別的一年，我能爲首鋼隊打一年球，我永遠不會忘記，能每天見到這些球迷我眞的很感動。這是非常難的決定，可是我只想說，謝謝大家，我愛你們，可是我必須這麼做。」

當他來到ＮＢＡ發展聯盟，並效力聖塔克魯斯勇士隊，雖繳出了十九．八分、六．四助攻，幫助球隊打進季後賽的漂亮成績單，但重返ＮＢＡ之路卻還是遙不可及。如此耀眼又漂亮的分數卻得不到任何球隊青睞，哪怕是短得不能再短的十天合同也沒有。因爲「永遠無法完全知道的原因」而罷了。

更無法接受的事情接踵而來。到了二〇二一年八月，他來到上海，第二天便感染Covid-19，需隔離住院治療，腦震盪、盲腸炎、腰傷復發，更慘的是暴瘦九公斤，簡直是「心力交瘁」！他雖已在美國打過疫苗，卻還是感染，眞是令人生氣又沮喪。

他在微博上寫下心路歷程：「四個月！我七月三十日從舊金山起飛，很久沒能打球了。現在終於能打球了，雖然身體還沒回到以前的狀態，可是我還是很感恩。這兩天睡不著覺，太期待打球，我隊友也讓我得分了，哈哈。」

本季林書豪出賽七場，僅僅交出平均十二．四分、六．一助攻、三．一籃板球，命中率只有百分之三十三．三，其中有一場對浙江廣廈隊時，他上場十五分鐘，是最慘或者更慘的一戰，投四中零得分抱蛋，還發生多達五次之多的失誤，眞是慘到極點！

爲了雪恥，十六日對上山西隊時個人攻下二十分、六籃板、六助攻率隊以一百一十五比九十大勝贏球。他在接受媒體訪問時說道：「我今天故意穿上得零分的球鞋出賽，本來我要丟棄那雙鞋，可是我想代表一個堅持的心態。」在賽後被訪問時：「我哭了，我去年有幾件在球場下發生的事不能講出來，讓我眞的很痛苦。我的身體慢慢在恢復，更重要的是，我的心態也慢慢在恢復。今天感覺身體、頭腦、心都有進步了。我本來想放棄了，覺得人生太難了，可是我不能這樣子。」

很痛苦的過程，眞的很難受，前幾場感覺不能呼吸。接著數度哽咽，甚至落淚，他表示，二〇二一年對我來說眞的很不容易的一年，他感謝身邊每一個人的幫助，讓他可以恢復到現在的狀態。

曾風靡全球、名震遐邇的籃球球員竟能如此認清現實而且又擁有不自欺欺人的偉大心靈，願意敞開自己、接納軟弱、自我反思、剛強壯膽。承認自己的失敗、接受自身的恥辱，攤開在陽光底下，林書豪之所以能贏得世人尊敬、讓人心服口服，倒不是球技如何，而是他的知行合一、表裡一致。

談到他的「天賦」（Gifts），我才恍然大悟，這個與生俱來的珍貴資產便是「愛」（Love），他的愛小到一舉一動、一攻一守，大到被歧視、被羞辱的饒恕的「愛」，還有超越種族、國家、地域的「愛」。

林書豪在林來瘋盛況空前之際，對上小牛隊，他以最高得分二十八分和生涯新高的十四助攻下贏球。賽後被問到 ESPN 新聞標題所引發的風波時，他表示：「我必須要學習寬恕，更何況他們應該不是故意的。」

那時紐約尼克意外地輸給紐奧良黃蜂，ESPN網頁以「Chink in the Armo（盔甲出現裂縫）」作為新聞標題，報導林書豪單場出現九次之多失誤，而「Chink」一詞帶有種族歧視與貶低之意，當新聞一披露，就遭到球迷的砲轟。不到一小時該標題即被撤掉，且兩度發表道歉聲明，接著更將開除該名職員，另涉及貶低林書豪的主播也受到三十天的停職處分。

林書豪曾投書《時代》（Time）雜誌坦承，當最醜陋的事件眞實上演，他一度畏懼、遲疑要不要為亞裔歧視發聲。但他終究認為，不能停止發聲、不能停止爭取，更不能失去希望。如果我們失去希望，結局就會這麼定下來。

種族之間終有一天能彼此接納。「林來瘋過去九年了，人們挑戰我、教育我、寬恕我。每一天，我試著多理解一點，多聽、少評斷。如果我們一起奮鬥，我相信某些我們最宏大的希望可以被實現。我們虧欠那些早一步起身奮鬥的人，也虧欠新一代，歷史在我們自己的手裡。所以，我再度發聲，有人在聽嗎？」林書豪說。

林書豪的愛也化為行動。他將美國體壇做公益的風氣帶到了亞洲，季初承諾每投進一顆三分球即捐出人民幣三千元。而季後賽則更加碼七倍，即每顆三分球捐兩萬一千元人民幣，二〇二一年則持續這項善舉。他在微博上發文：「通過籃球，我學會愛與分享。熱愛籃球，追逐夢想，並在此過程中影響更多人。」

無獨有偶，杜拉克以其己力一生堅持「對人類的終極關懷」爲職志，這是對「愛」（Love）最極致的詮釋，是永恆的關注、永生的堅守。杜拉克於二〇〇五年十一月十一日上午八點十五分在家中辭世，緊接著十一月二十八日具全球影響力的《商業周刊》（Business Weeks）以杜拉克的照片爲封面（Cover Story）。標題是「發明管理學的人」（The Man Who Invented Management），正式向世人宣言：「一代大師彼得．杜拉克就是發明管理學的人。」

杜拉克憑一己之力獨自建構一門學科「管理學」，雖然他自認爲是一套「系統的無知」。他說得對，的確有很多領域或驗證有必要做更多、更深入的探索和努力，才能臻於至善的境界。

這套具有目的、有條理、有系統的「管理學」（Management: Tasks, Responsibilities, Practices），它既是一項專業、也是一項工具；它是用來解決人在社會上的地位與功能問題（Status and Function），進而藉此實現人的價值和尊嚴與加強組織效能和績效貢獻，找到每個人的長處與自由。並且以管理學建構一種社會制度，最終使它成爲世界一項共同的經濟制度，才能得以實現杜拉克最終的理想願景：「自由而有功能的社會」（Free & Functioning Society）。從這角度來說，他是一個不折不扣的社會思想家，只不過他一生的角色定位是以一位「社會生態學家」（Social Ecologist）自居罷了。

杜拉克也是一個革命性思想家，他以完全開放的胸襟，對全球社會中所發生的事進行冷靜而客觀的洞察，且做出必然的總結。他又能以高度開放而動態的系統觀思維，及淵博而深邃的智慧參透未來，看出許多世紀以來，可能的最佳生活方式的總結。

彼得．杜拉克（Peter F. Drucker）是奧地利維也納人，卻以英語寫作，還成爲暢銷書作家。他是組織架構的權威，但卻從未歸屬於任何組織。他是各類型機構的卓越顧問，卻從不經商。他是一位保守主義者卻又積極創新。爲此，卻將最受尊崇的組織的缺失與不合理現象描繪殆盡。他是一位偉大的導師，但卻堅持要向學生學習。他是一個哲學家，但他的哲學卻不能被納入經典範疇；幸好他並不以爲意，且十分尊重。

雖然他謙稱自己僅是一位社會生態學者，也許這是他的熱情所在。他的四十一本著作幫我們釐清了事物的概念和本質，讓我們不用再摸索、不必再走彎道，只要去實踐、驗證及總結就好了。

杜拉克十分親和又平易近人，既沒有祕書也沒有助理，連家中佣人也省了。他沒有精細圖表、沒有產業資訊、也沒有佐證資料，只有一堆的愚蠢問題。他談論人、用人、機會、關係、結構與未來，看來極不科學，也沒有數據，更別說是大數據、AI等，這是杜拉克「獨行俠」（one man show）一貫的風格。

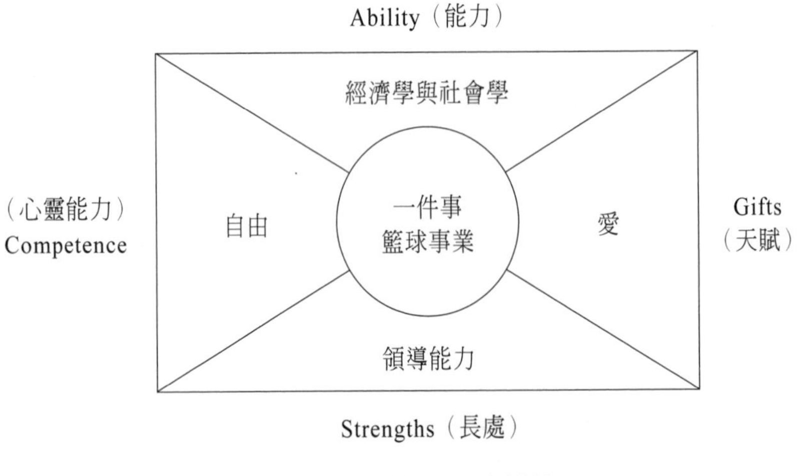

林書豪成長歷程與總結

第十章

工作時找到適合自己的方式

要了解自己的做事方式，首先要知道自己是屬於閱讀型或聆聽型。

對於知識工作者來說，「我的做事方式如何？」與「我的長處何在？」是同樣重要的。但就實務上來說，「我的做事方式如何？」往往更爲重要。爲什麼？令人十分驚訝的是，眞正知道自己是「如何」把事情做完的人十分罕見。絕大多數人甚至根本不曉得，「每個人在工作或做事方式上各有差異」。因此，其關鍵是，爲什麼有能力、有專業、有條件的知識員工卻沒有好的績效表現？或許這就是很多人去兼差或扮演多領域「斜槓人」的原因之一吧！因爲他們並沒有察覺到，在工作與做事時善用「適合自己的方式」來做事才會有效。

就像每個人的長處不同，每個人的做事方式也不一樣，這又跟每個人「人格特質」有關聯。

不論這種人格特質是與生俱來或後天環境所養成，總之，必定是早在踏入職場前就已形成。因爲每個人做事方式也是既定的，就像每個人的長處或不擅長做什麼其實也是既定的。既然如此，一旦進入職場還要強力改變他們的人格特質、長處、短處或工作、做事方式簡直是不可能的事。難怪組織內知識員工的流失率如此高，這也就不足爲奇了。頂多，我們只能去發掘，就像馬歇爾將軍、史隆、李世民、曾國藩……等人的知人善任一樣，無人能改變他們，就連他們自己也做不到，千萬不要再以爲潛能開發能改變這一切，最多只能微調或局部發揮而已。協助他們找到「適合自己做事方式」，使其發揮高效才是知人善任之道。

杜拉克以其長達二十年以上的「反饋分析比較法」得出總結：「我於一九二三年在英國曾受教於劍橋大學經濟學大師凱因斯，我的思想豁然開朗。我領悟，凱因斯與課堂上所有的優秀經濟學學生，有興趣研究的是『商品的行爲』，但我卻對『人的行爲』情有獨鍾。」

他繼續說道：「因爲人要比概念來得有趣多了。雖然一路寫來，我對概念的處理還是比較得心應手。」杜拉克以「寫作」來釐清概念、以「諮詢」來解讀人生、以「教學」來掌握脈動、以「洞察」來探索趨勢、以「閱讀」來積累功底、以「系統」來創造機會、以「創新」來延續組織生命、以「人」來引領未來。

杜拉克聰穎過人卻自覺平凡；博覽群書卻自認興趣過多；問對問題卻自以爲愚蠢；擅長分配時間卻自認過度貪心；人稱大師他卻不能接受；遭人質疑卻樂意傾聽；編輯採訪他卻婉拒；偉大老師卻主張向學生學習；樂於奉獻卻不留下任何東西。

杜拉克多元化、全方位的學習模式值得我們效法，他用兼具閱讀與聆聽的方式去學習，又以寫作、問對問題、反思、換位、多元思考來創見和認識事物的本質。

這也可以看出杜拉克是如何在做事方式取得足夠的資訊、技巧、能力與合適的方式來協助自己，讓做事更有效能。尤其他秉持著完全開放的態度加上以動態系統心智習慣，形成「自我學習」的一以貫之的管理哲學體系，讓他能有效地自我管理、自我經營甚至卓越的自我領導，這完全體現出卡蘿·德威克所主張的「成長型思維」。

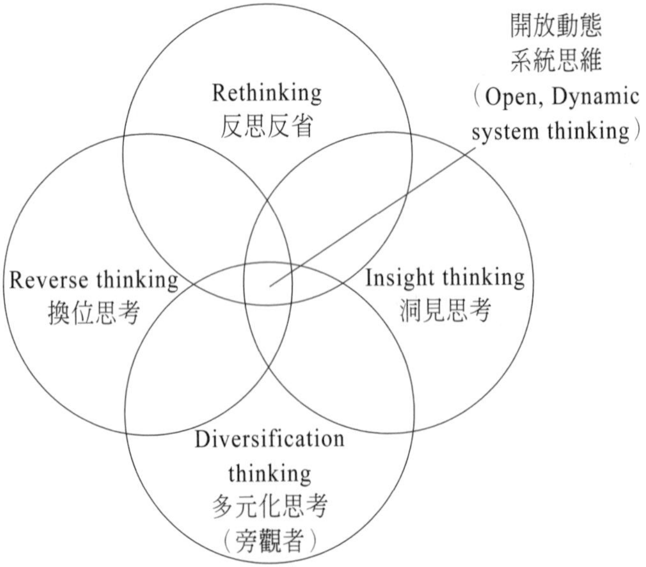

全方位動態做工模式

確切的說，卓越人士大都就是符合這種「成長型思維」（Growth Mindset）。就拿林書豪爲例，他是屬於閱讀型，有很強的包括文字、圖片、影片的解讀能力，所以他的打球方式既不是向麥可・喬丹學也非複製科比的運球，而是找到屬於自己的風格打球，使自己打球有效。或許他明白（或教練的指導）自己不具有得分的爆發力或雄厚的身體素質，因此他將自己的獨特優勢發揮到極致，他擁有一流的組織進攻能力、解讀比賽的大局觀加上他的明快節奏感。在防守端，他扮演著極爲出色的角色，他那預判的能力與防守位置的恰當配合可說是卓越等級，經常造成對手的進攻犯規，這需要極大的勇氣與智慧，十拿九穩，絕對有效。這些都要歸功於他對球賽動態上的解讀能力與認知程度才能辦得到。

更精準的說，他平時的自我監督心態已成了紀律式

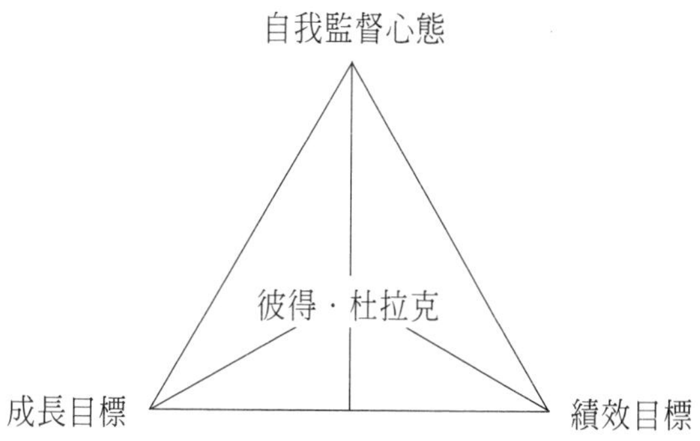

成長型思維

心智模式，加上以團隊爲重、以勝利爲目標，並不在意自己的數據與得分多少。就像歷史上那些擁有偉大成就的人，如拿破崙、達文西、莫扎特、馬歇爾到如今的杜拉克、林書豪，向來都是得利於「自我管理」，將自己極爲有限的資源找到合乎自己節奏感的步調，就會有所成就，甚至於不讓優秀成爲卓越的敵人，或是終身學習、終身成長與發展自我阻礙的藉口。

杜拉克領悟到每個人不論是做事方式，有效學習方式與長處的表現都不一樣。爲此，立即透過以下範例可以讓自己借鑑，了解到做事有效、工作有貢獻是何等地重要。他不但找到自己、認識自己、發揮自己、管理自己，而且還能解讀他人、善用別人成爲團隊績效的材料。更進一步認清有效性有其必要性，尤其要判斷一個人究竟是如何表現，通常取決於幾種常見的人格特質。首先要曉得自己究竟是屬於「閱讀型」，還是「聆聽型」。很奇妙，極少人知道，人在人格、個性特質上有閱讀者與聆聽者的分別，曉得自己屬於哪一種的人更罕見。這種無知，常會帶來無法想像的後果。

舉例之，二戰期間，艾森豪將軍擔任歐洲聯軍總司令時，一直是媒體寵兒。他召開記者會時是以獨特風格名聞遐邇；艾森豪將軍針對記者所提問的問題，永遠展現掌握全局的威力。無論是情況的描述，或者是政策的解釋，他都能夠用兩三句漂亮優雅的回答交代。可是十年後，當初那些崇拜不已的記者對於艾森豪總統，卻只剩下滿腹怨言：「他的回答總是不得要領，而且常在不相關的主題上喋喋不休。記者經常嘲笑艾森豪說他用破碎而不合文法的回答，屠殺了英語。」杜拉克如此描寫著。

爲什麼同樣一個艾森豪、同一批記者，差距會如此巨大？再看看杜拉克高明的解讀功底：「艾森豪顯然不明白，他是閱讀者而非聆聽者。當他擔任聯軍總司令時，幕僚會在記者會前半小時，將記者所要問的問題以『書面』寫好交給他本人過目，所以他能夠掌握全局。但是艾森豪之前的兩屆美國總統羅斯福與杜魯門，都是聆聽者。這兩位深知自己是聆聽者的特性，所以喜歡現場自由發揮。艾森豪當選總統之後，或許應該按例蕭規曹隨，結果他根本聽不懂記者在問些什麼問題。」

閱讀者很難成爲聆聽者，反之亦然。勉強結果往往會步上艾森豪的命運，無法有所表現。若艾森豪自己也能自我察覺或旁人給予提醒，相信不僅僅在記者會上有好表現，連帶的也會影響到他的政績以及社會的觀感，就像偉大的溝通者雷根總統一樣。

第十一章

如何有效地學習？

一開始就要做正確的事，而不是還過得去的事。

許多知識工作者很難理解，要有所表現必須先認知自己是「如何有效的學習」，亦即掌握自己究竟是「如何學會學習的祕訣」。如邱吉爾首相，在校始終得不到成就；反而是屢次挫敗，有如苦刑折磨、苦不堪言。他與其他學生眞正的不同乃在於，作家通常比較不擅長藉由傾聽與閱讀方式來學習。他們需要從寫作來學習，偏偏在學校得不到學習，自然而然成績就不可能會好，邱吉爾注定是慘敗的案例之一。

目前在教育上的創新顯然已經注意到這個問題的嚴重性，從芬蘭、以色列、丹麥、挪威、瑞典……等國家做了教育品質與成效之持續改革，甚至有所創新。基本上已推翻「學習只有一種方法」與「以教學爲主導體制」。因爲對於不一樣的個人卻要用一種同樣的方法學習，對於像邱吉爾這種以不同方法學習的人而言，被迫要去接受這種統一教學、考試、評鑑，無異是一種煎熬。

杜拉克以其獨特又細膩的洞見發現：「包括我自己，或是像優秀的法庭辯護律師與醫療診斷專家，都用這種方法來學習——用說話來學習，即以實務案例、艱澀議題、跨領域個案產生激辯，最終峰迴路轉、水落石出、豁然開朗。」

「學習的方法很多。有人像英國首相邱吉爾一樣，用寫作來學習。有人以大量持續抄寫來學習。例如貝多芬，他留下了大量的筆記，可是他說自己作曲時從來不看這些手稿。曾有友人問他目的何在，據說他回答：『如果我不立即寫下靈感，馬上就會忘掉。一旦把它寫在筆記本裡，我再也不會忘掉，也永遠不必再看了。』」杜拉克寫道。

「有些人則利用實務操作來學習，還有人以自言自語的方式來學習。我認識一家企業的負責人就是這種以說話來學習的人。他每周固定召集所有高層主管到他的辦公室，對著他們講上兩三個鐘頭的話。通常他會拿政策性的議題開講，每個議題他都要以三個不同的角度剖析。他很少詢問別人的意見，這是他學習的方式，只是苦了這群高管罷了。」

認知自己是如何有效的學習，確實與如何有更有效的績效表現相關聯。但儘管如此，絕大多數人根本就不知道有這回事，尤其越有才華、越有知識的人士往往越忽略有效性學習，結果越沒有出色的績效表現，因爲一個人的有效性與他的智力、想像力，或知識之間，幾乎沒有太大的關聯。爲此，有才華的人往往最爲無效，他們沒有領悟到才華本身並不等於成就。他們並不知道一個人除了才華，還要挖掘自己是如何有效地學習、如何有效地工作，進而找到屬於自己最爲合適的節奏感與方式做事，就像林書豪在球場上找到自己的條理、邏輯、節拍以及隊友的強項予以聯貫成有系統的攻守位置，才能發揮高超的得分效率以及限制對手的步調、得分和效率值。

依據自己最擅長的學習方式來學習，正是一個人日後有所表現的關鍵。不能這樣學習的人，注定成績與生產力是平庸的。

但單是自問自答：「我如何有效地表現？我如何有效性學習？」顯然還不夠。爲了有效性自我管理，接下來還要再自問自答、自疑自判道：「我究竟適合與人共事，還是一個人單打獨鬥？」就像彼得．杜拉克，One man play 或 One man show 一樣很出色；反之，林書豪則需融入球隊，成爲球隊的好幫手。

假如你跟他人共事順利有效，那麼你緊接著要再追問自己：「要在什麼的關係下共事合作？」有些人最合適擔任部屬。二戰美國陸軍英雄巴頓將軍，即是明證。

堪稱美國歷史上最知人善任的典範之一的馬歇爾將軍曾有過這樣的觀察：「巴頓將軍是美國陸軍有史以來最好的屬下，但他卻會成爲最差勁的指揮官。」當然也是在他被拔擢成爲獨立指揮官時，馬歇爾將軍才發現這是失敗的決策。

有些人確實只適合擔任團隊成員、有些人則適合單打獨鬥。但有些人具有擔任教練、挖掘人才的異能，有些人天生就是具有循循善誘的輔導者天賦，有些人就毫無耐性、只是發號司令的角色，有些人有做對的事又能引導他人做正確事的領袖天分。

更進一步自我釐清，要認識個人的做事方式，還必須認知個人在壓力下能否有良好的表現？或者個人只有在高度架構化而且可預期的環境下才能有更好的表現。另一項特質是：個人較適合大公司或小企業中工作呢？有不少人在華為或美的這種集團做得很好，但是，換到小企業時就變得一無是處了。但也有許多知識員工在小企業中表現十分傑出，結果一旦進到大公司就毫無績效可言。究竟為何？其實也不一定說得上來。

不同人擔任決策者還是幕僚的角色，創造出的績效不同。有些人擔任幕僚提供客觀事實與資訊蒐集十分了得，但要他拍板定案，卻無法承受決策的重大壓力與負擔。反之，有些人藉顧問或幕僚之力可以強迫自己思考、抉擇，之後就可以快速、自信且勇敢地做成決策並採取行動。

值得一提的是，為何組織中的第二把交椅一旦被提拔成為最高主管後，卻常常成為次級複製品因而失敗收場呢？但是若由第二把交椅轉換為諮詢顧問或教練的工作時卻表現傑出。爲什麼會有這樣的事發生？多數的原因在於第二把交椅只做資訊和意見的提供，而不做重大的決策。等被拔擢成爲最高主管後，卻無法承擔起做決策的責任，當然也有少數例外。

個人若能常自問：「我的做事方式如何？」與「我究竟如何學習？」這兩大問題的話，將能持續保持進步。事實上，這已成爲個人自我管理重要功課之一，也是能達成有效性工作的原因。

就像杜拉克自問自答道：「我在顧問工作這一行做了將近半個世紀，我現在會在每年的八月抽出兩周時間，獨自一人坐下來回顧過去一年裡所做的工作——我在哪些地方發揮了影響力呢？我的客戶之所以需要我的理由是什麼？不只是想要，而是眞正需要。我在哪些方面浪費了他們的時間，也浪費自己的時間？我明年該集中心力在哪些地方，才能使自己表現得最出色，也可以讓客戶獲得最大的收穫呢？我倒不是說自己一定要按部就班依計畫而行，有時候也會有突發事件發生，讓我將自己的良好計畫忘得一乾二淨。不過到目前爲止，我在顧問諮詢生涯中磨練得更出色，也更高效能，而且從中得到個人的收穫越來越豐富，這都是因爲我學會了在自己能發揮影響力的地方下功夫的緣故。」

這就是杜拉克能成其大的地方，不自滿、不驕矜、不賣弄，完完全全靠的是向下扎根、虛心學習的態度，也是自我管理的最佳典範，更是自己職涯中的執行長（CEO）。

杜拉克的友人是如何描述他的「如何有效地學習」？《隱形冠軍：廿一世紀最被低估的競爭優勢》（Hidden Champions of The 21 Century）一書暢銷全球，作者赫曼．西蒙（Hermann Simon）是德國聞名世界的管理思想家。於二〇一六年十一月十九日杜拉克誕辰紀念日時他在《哈佛商業評論》（HBR）上發表一篇極爲推崇彼得．杜拉克的感懷好文：

「我曾問過杜拉克一個問題（我直到今日還在琢磨這件事）：『你認爲自己更多的是歷史作家，還是一位管理思想家呢？』他毫不猶豫地回答：『更多的是歷史作家。』」

「隨後杜拉克回信說道：『七十二年前，我離開維也納到德國漢堡去做商行學徒的時候，我父親給我一本《智慧者》（The Art of Worldy Wisdom，耶穌會教士西班牙思想家巴爾塔沙．葛拉西安著）作爲禮物……幾個月後我又發現丹麥神學家齊克果的存在主義。爲此，我自學了西班牙語以體會《智慧者》這部作品的原貌。同樣地，爲了齊克果，我又自學了丹麥語。』」

「在杜拉克全球視野和歷史積澱以外，我觀察到他還有另外一種特別巨大的能力——異類聯想（Bisociation）。他在這方面的造詣恐怕只有博爾赫斯（阿根廷詩人、小說家、散文家兼翻譯家，被譽爲作家中的考古學家）那樣的人物可作比擬。博爾赫斯非但博聞強識，而且善於將兩件完全不相關的事情聯繫在一起。杜拉克也是這樣。他不但能觸類旁通，在歷史、現實與未來之間發現脈絡關係，而且更強大的是，他也能『異類旁通』——在看似極不相關的事物之間找到聯繫，架起橋樑。亞瑟．柯斯勒曾說：『這是創造力的泉源。』」

在感懷文最後，赫曼寫道：「彼得．杜拉克總是以史爲鑑來引導我們。他彷彿將一面魔鏡置於我們的面前，不斷地從其中剝開新的視角，帶領我們領略美好的未來。」

那林書豪是如何有效地學習呢？當被問到如何學習，林書豪確實做到既會唸書又能把球打好。他又被問：「是讀書重要，還是打球重要呢？」他毫不遲疑地回道：

「當然讀書重要，因為打球萬一不能打，讀好書後就可以找到其他的工作。」

林書豪沒有籃球名校的背書，更沒有天賦異稟的體型與素質，卻能在NBA待了九年之久，雖長坐冷板凳，但榮獲NBA總冠軍戒指一枚，並創造名聞遐邇、紅極一時的林來瘋席捲全球，並在二〇二二年在CBA北京首鋼隊打球。

另外，林書豪打從高中唸書於Palo Alto High School（帕羅．奧圖高中，加州），成績便十分優異，GPA4.2（正常課程滿分是四，大於四分即表示他選修了許多AP課程，因為美國高中生選修AP課程可以得到大於四分的分數）。

SAT近乎滿分，又在高中籃球校隊擔任隊長，取得三十二勝一負的輝煌成績，率領球隊贏得加利福尼亞的州冠軍，並入選了州的第一陣容，又是北加州分區的最有價值球員（MVP）。

結果高中畢業之後，卻沒有任何一所籃球名校要他，更沒有任何一所NCAA（美國大學運動聯盟）一級聯賽的大學願意提供給他獎學金。

林書豪自白道：「我真的很想唸史丹福大學，它就在我就讀高中的正對面，從小我就把史丹福大學球員當做偶像，但卻申請不到獎學金。為此，我禱告了六個月，事實上，哈佛大學是我最後的選擇。」

在打球之餘，他並沒有落掉功課。林媽媽說道：「每逢球季的時刻，時間眞的不夠分配，我們就會特別叮嚀他，課業絕不能退步。」

如何安排好哈佛每學期的四門課，他都得靠自己摸索。「在哈佛大三、大四的時候，是學業最緊張的時刻，加上還有比賽，我時常焦頭爛額。許多次去客場打球時，我主修經濟學，都會找空檔請教授補課。」他回憶道。

在哈佛大學歷史上總共有四位球員進入NBA打球，林書豪也是其中一位，他在NBA的數據是最亮麗、最傑出的一位；在NBA征戰時間長達九年之久，也是最長時間的一位。他的表現十分耀眼，靠著有效的時間分配去學習、做功課和打球，最終證明自己非但功課極優，籃球也表現得十分優異。

對於無能爲力的領域或工作時，就不必耗費心力想方設法要去改變。就像動物一樣，虎不吃草卻硬要餵牠草吃；羊不吃肉卻給牠碎肉吃，最終只會活活餓死。須知，從「無能爲力」要進步到中等程度所需耗費的時間、精力與體力，遠比從「頂尖表現進步到卓越境界」所需耗費的功夫還要大。

一個人的外表長相、體型、學識、經驗以及出身、性格，跟成功有沒有太大的關係？杜拉克以他長期的洞察力以及研究，他不認為有太大的關聯性。究其原因就是絕大多數的知識工作者根本對自我的認識極其缺乏，大半輩子都在管理他人、控制別人。只有極少數人懂得自我管理、協助他人，甚至影響別人，打造團隊、激勵組織、創造顧客。為此，他在《有效的管理者》（The Effect We Executive）一書中道：「在我所認識的和共事過的許多有效的管理者中，有性格外向的，也有令人敬而遠之的；有年邁即將退休的，甚至還有遇人羞答答的；有的固執獨斷，有的因循附和；當然也有胖有瘦，有的生性爽朗，有的心懷憂慮；有的能豪飲，有的則滴酒不沾；有的待人親切如家人，有的卻嚴竣而冷若冰霜；也有少數人生就一副令人一望而知其為領導者的體型，也有的其貌不揚，不能吸引他人的注意。」

「有的具有學者風範，有的卻像是目不識丁；有的具有廣泛的興趣，有的卻除了他本身的狹窄圈子外，其他一概不懂；還有些人雖不是自私，卻始終以自我為中心，而有的卻落落大方，心智開放；有人專心致力於他的本身工作，心無旁騖，也有人其志趣全在事業以外，做社會工作，跑教堂，研究中國詩詞，演唱現代音樂。在我認識的那些有效的管理者中，有人能夠運用邏輯與分析，有人卻主要是靠他們本身的體驗與直覺；有人能輕而易舉的決策，有人卻每次都一再苦思，飽受痛苦。他們卻有一項共同點──人人都具有做『對的事情，成對的人』的能力。」

杜拉克一生主張「終身學習」（Ongoing Learning），有超過六十年以上的成長型思維（Growth Mindset），加上以「自我監督的心態」，塑造自己成爲可移動的小型圖書館，讓他擁有如百科全書一樣淵博的知識庫，是他日後奠定管理學大師的重要基石。

他每隔三、四年都會找一個新課題做研究。它們可能是統計學、中古史、日本藝術、經濟學、國際關係、國際法、社會學及法律制度史、各類通史與金融學……等。三年的時間絕對不足以成爲某個領域的專家。但是要認識一門課題就已足夠了。每當他選擇課題時就必須研讀大量資料和相關書籍，設立不一樣的假設，並且使用不同的研究方法，這樣讓他就像一塊大海綿吸水般，不斷地吸取大量的資訊與知識。超過六十年來他持續地養成一種心智習慣，使他以更開放的心胸去發現全新而不同的領域、途徑、方法和異類聯想。難怪前美國國家圖書館館長會這樣評價他：「彼得．杜拉克是史上最博學的人之一。」

如此自我學習與終身學習樹立了知識工作者的典範之一。通過終身學習和做事方式使他有完成了四十一部巨著的卓越表現。同時由於他開闊且中庸的視野以及那種兼容開明務實的中道精神，造就了他認清現實且不自欺欺人的一種能耐，使他建造一種獨具一格的管理哲學思想與核心的價值體系。

何謂「終身學習」呢？在杜拉克七十歲時出的一本書《旁觀者》（Adventures of a Bystander），那不是他最重要的一本書，卻是他最喜愛的書。他在《旁觀者》中寫道：「對我來說，他們就是專心致志的最佳典範。只有像他們這樣一心一意地追求才能眞正有所成就。其他的人，就像我一樣，或許生活多彩，卻白白地浪費青春。像他們這樣的人，才可能使命成眞，而我們卻興趣太多，心有旁騖。我後來學到要有所成就，必須在使命的驅使下，從一而終將精力投注在一件事上。像富勒（幾何學家）在荒野上待了四十年之久，連一個追隨者都沒有，然而他還是堅定地爲自己的願景奉獻一切；麥克魯漢（電子媒體玄學家）花了二十五年的時間追逐他的願景。因此，時機成熟時他們都會造成相當大的影響。然而，他們雖有所成就，但還是不算成功，很多像這樣的人所留下的，也只是荒漠中的白骨。而其他像我們這樣有著很多興趣，而沒有單一使命的人，一定會失敗，而且對這個世界一點影響力也沒有。」

難怪杜拉克有三分之二著作都在六十五歲之後完成的，越老越有生產力、思路越清晰、創作力十足，如同《福布斯》（Forbes）雜誌曾以：「他擁有最年輕的心」來形容他。《商業雜誌》（Business Week）：「他是我們這個時代思想最歷久彌新的管理學者。」《天下雜誌》如此肯定著：「彼得．杜拉克對於當代的確有過人的貢獻。」

他在課堂、企業諮詢、組織顧問上工作，他教的是一種洞察力，一種看事物的角度，而不是一大堆的現況分析。他拒絕回答眼前緊急的問題，而是專注釐清長期而根本的問題。

第十一章

紀律化思考、自我管理與溝通

個人的長處必須全力投注於重要的機會上，
這是獲致成果的唯一途徑。

真正的紀律要向錯誤的機會說「不」。當奧地利爆發第一宗有關「發國難財」的醜聞，並以頭條新聞發布以來，主角的名字──克倫茲（Kranz）很快地就成了家喻戶曉的大壞蛋，更成了人民的公敵。當年僅八、九歲的杜拉克卻挺身而出說道：「此人令人敬佩！他提供客戶所期待的東西，遵守自己的諾言，讓客戶每一分錢都花得值得，何罪之有？」

宴會上，主人把他拉到一旁說：「你的觀點很有意思，我從來沒聽過有人這麼說過。至少，我們在另一間大廳用餐時，沒有一個人提出這樣的看法。不過，杜拉克，你不要認爲伯伯在批評你。你對克倫茲的看法或許沒有錯，但只有你一個人這樣想。假如要做個獨立獨行的人，一定要有技巧，而且要很小心。伯伯建議你注意自己的行爲，多爲自己想想，驚世駭俗是不可取的喔。」

這是他獨立思考、不凡的見解，是對公義的捍衛、敢於表達的紀律行爲，這是他的年幼主張。雖然他有記住伯伯的叮嚀與勸勉，但有時還是不免掉以輕心，寫作《旁觀者》時亦然。

二戰結束後，愛莎小姐（杜拉克的國小校長和導師）過著窮困潦倒的日子，於是杜拉克給她寄了日用品，附上一封小心翼翼、用打字機打好的信，只有簽名部分是他自己的筆跡。過了幾周他收到她的親筆信，字體秀麗，是他十歲所仰慕不已的，那印象不管是經過多少歲月都無法磨滅。

她寫著：「你一定是同一位彼得．杜拉克。我教書多年，很少失敗，然而你就是我教學失敗的一個案例。你唯一必須從我這裡學習的，就是寫好字，但你依舊寫不好字。」

老師的眞誠、學生的自白在在地呈現出「坦誠的自律」；雖然導師教學失敗，學生未能把字練好，但無礙於師生的感懷和情感，這代表著溫暖和敬意。

杜拉克在其回憶中提及：「我和佛洛伊德（心理學之父）僅接觸過一次，在八、九歲時握過他的手。我之所以特別記得佛洛伊德是因爲父母對我說：『你要好好記住這一天，你剛剛遇見的人是奧地利，嗯，或許該說是在歐洲最重要的人了。』我又問道：『比皇帝更重要嗎？』父親回說：『是的，比皇帝還重要。』這件事留給我深刻的印象，因此我還記得，即使當時的我只是個小孩子而已。」

有關佛洛伊德，有三件事大家深信不疑：第一，他一生窮困爲生活所苦，幾乎赤貧；第二，他因世人反猶太的情結而痛苦萬分，而且因自己身爲猶太人，無法獲得應得的大學教職和學術界的認可而萬分痛苦；第三，則是他被當時維也納的醫學界所忽視。

儘管像佛洛伊德這種比皇帝還重要的人，杜拉克並不崇拜或有迷思，反而是忠實於自己獨立的思考與求知求眞的信念，提出了他具負責任的求證：「這三件事純然是個迷思。其實，在少年時代的佛洛伊德家境不錯，此外，做爲一位年輕醫師的他，剛一開始工作就賺了不少錢。沒有人因他是猶太人而蔑視他，直到晚年希特勒入侵，才使得他流亡國外。而且，他是奧地利醫學史上最早得到學術界正式認可的人才（假如按照之前那種嚴格標準，他是連門兒也沒有）。總之，維也納醫學界並未忽視他，只是將他排斥拒絕在外。佛洛伊德之所以會被拒，乃是因爲他嚴重破壞了醫學倫理。而他的自己的理論被排拒的原因，就是——看來冠冕堂皇，卻僅道出一半的眞實；與其說他的理論是醫學或是治療法，不如說它是『詩』。雖然如此，正如湯瑪斯．曼在佛洛伊德八十歲大壽中所講：『針對文化、文學、宗教和藝術來說，佛洛伊德是最具影響力、想像力、慧眼獨具的批評家。』」

杜拉克補充道：「以上姑且不提的話，許多人都會一致認爲，他爲長久以來緊閉的『靈魂』開了一扇窗。就憑這一點，他是足以被譽爲『奧地利最重要的人物』。」

一個人要擁有「紀律化思考」必須仰賴著開放的胸襟，接受那些不容易被接受的觀點與價值差異。就在杜拉克二十歲出頭時有位「季辛吉的再造恩人」——克雷馬，確實扮演著這樣的重要角色。一九三三年間他們一起參加法蘭克福大學的法學研討會，他當時將自己的想法鉅細靡遺地告訴杜拉克，一聊便忘了時間，在那時克雷馬的思想已經完全成形了。

杜拉克回憶道：「我們大家，包括教授在內，都曉得眼前是位大師。克雷馬不但天資過人而且見識廣博。我和他才二十歲出頭，參加研討會的不乏聰穎而見多識廣的前輩，但年紀輕輕的他卻能把政治史、國際法與國際政治整合成一套政治哲學。他這個人又彬彬有禮、極其謙虛，且有著完全而無可妥協的自制力。」

針對不同的人、不一樣的看法，甚至南轅北轍的價值觀是要敬而避之，還是要加以把握千載難逢的機遇？顯然杜拉克抓住天大的良機：「我們直覺地意識到彼此有不一樣的答案，然而很快地就發現，其實我們心中有著同樣的問題。我們雖然年少，但很清楚這些問題極爲重要，因此利用對方聽聽自己的論述，且強迫自己將一些事情定義清楚。」

「在所有的人當中，幫我認識自己最多的，就是克雷馬。他引導我明白，我就政治觀點來說是獨立獨行的人，且迫使我挖掘自己的興趣——正因爲這些特質與興趣和他不一樣。從另一方面來看，也許我也幫了他同樣的忙。我們的關係純屬於學術激辯又能彼此尊重，相互之間當然也不會存有一點反感。我們從來不會問：『你覺得怎麼樣？』總會問：『你爲什麼會這麼想呢？』」

年紀輕輕的杜拉克才華出眾，尤其在商業銀行領域表現不凡、大有可爲。他道出當年的現況：「弗利柏格公司也沒虧待我，他們給我的待遇和薪酬都十分優厚。最後，我決定離開時，他們使盡全力說服我留下來，答應幾年後升我做合夥人，見我去意已定，於是給我一份厚禮——安排我和內人搭乘兩周的豪華郵輪頭等艙，經地中海到紐約，並聘我做他們駐紐約投資顧問，爲期兩年，這可是個領乾薪的閒差。」

當杜拉克決定離開那間銀行之時，他去向投資家帕布告別，結果發生任誰也擋不住的利誘：「我要你做我在紐約的代表，爲期三年，年薪兩萬五千美元。」在景氣蕭條那幾年，可說是天文數字，杜拉克問道：「你付我這麼多錢做什麼？」帕布說：「或許什麼事也不必做，只是預備不時之需吧。」杜拉克之後表示：「我拒絕這個機會，正因爲他表示我得爲他一人服務，就是什麼事都不必做。」當他跟弗利柏格談及此事時，創始人說道：「我可以理解，知道你爲什麼即使不用工作，也不願意拿那麼多酬勞的原因。不過，想一想，一年兩萬五千美元，三年下來，你存的錢足以買下一間小銀行，慢慢再發展成一家大銀行，不是嗎？」

「但是，弗利柏格先生，我不確定自己是否想從事銀行業。」杜拉克回道。弗利柏格道：「胡說！不然像你這麼聰明的年輕人要做什麼呢？」

反之，杜拉克若接受了帕布的肥差結果會怎樣呢？天曉得！要能擋得住如此誘惑的條件眞的需要眞正的紀律、加上內在無比的定力才行。

來到美國，誘惑依然不斷，報閥魯斯善於挖掘人才，那種團隊新聞作業簡直是對才智的謀殺。杜拉克差點動了心：「若是爲魯斯工作，我懷疑自己是否有那份能耐，能成熟到抗拒那些誘惑？很少人做得到吧。我之所以有這種了悟，並非是酸葡萄心理在作祟。我因爲曾跟魯斯手下的人共事過，才下此結論，更何況我不知道是否他們眞有一份工作要給我。魯斯見我居然有拒絕之意，乾脆給我一份高薪閒差，就當做是他的幕僚，我已學乖了，於是謝絕了他的美意。」（魯斯是《財星雜誌》、《時代雜誌》和《生活雜誌》創始人。）

一個人之所以能成其大，並非擁有多大的才華、多高的智慧以及多豐富的想像力即可實現，這些都很重要，但決定一個人是否爲大，往往是不受利誘、拒絕不當的貪婪，捍衛自己良心，不受動搖。尤其處在惡劣的環境、不確定的明天以及少不更事之時更甚。

核心的價値觀乃是一個人自信心的源頭。就在一九三〇年代中期之前杜拉克就已經知道自己的核心價値重心是「人」。爲此，爲了做好自我管理他常會自問：「我的價値是什麼，應該是什麼？」他說：「在倫敦我雖然是位相當傑出的資產經理人，這顯然是我的長處所在。但我不認爲當個資產經理人能有什麼貢獻，我體認到『人』才是我的價値重心。」

「核心價値」的抉擇固然也須付出代價去換取。爲此，他在核心價値與長處相互矛盾之下，他依然忠實於自己，放棄了資產經理人的長才，願意負責任去爲人類做出可能的貢獻，才有今天的彼得．杜拉克。

就像林書豪自己所分享的：「紀律是自我成長的養分。」爲什麼？他說：「我時常形容我在哈佛大學的前一、二年是一段掙扎和迷失的日子，主要是被哈佛許多的活動困住，因爲籃球隊是頗爲世俗的東西。」加上由於年輕氣盛，曾經被籃球隊派對文化所吸引，直到自己參加團契後，才體認到「紀律」的重要性。

「對一位運動員來說，規律生活是自主訓練最重要的事，更何況哈佛的課業並不輕鬆，我總是能在生活裡找到平衡點，靠的就是對『紀律』的自我要求。」難怪參與過許多球隊運營的哈佛大學體育部副主任史佛波達（Kurt Svoboda）曾直言道：「許多人難以想像，在長春藤打聯盟籃球賽，是多麼的辛苦。」

在參加團契的這些年，他逐漸體悟到自己將以職業籃球選手爲志業，並認爲這是上帝對他神聖的呼召和使命，而且可以作爲華裔美國人的榜樣。爲此，他持續前往非營利組織工作、偏遠地區服務弱勢，雖然尚未完成心願與交托，他依然每年投身公益，不管他的身價如何暴漲、名氣如日中天，依舊如此。

「紀律」建立在自己所屬的核心價值觀盤石上，如此才能扎根於土壤、發芽、成長、茁壯以致枝葉茂盛、開花結果。要形成自己獨特的「紀律文化」，且散發出個人內外如一的文化氣質與內涵。

林書豪不刺青、不鬧事、不搞花邊新聞；散發出來的是溫暖與愛、眞理與正能量，處處受到追捧，是青少年的榜樣，更是有紀律、有文化的學習典範之一。

杜拉克常自問：「鏡子裡的人是你想看到的人嗎？」很難相信杜拉克是如此地「自我檢視」自己。站在鏡子前的這個人，是否就是他們自己想要成爲的理想中的自己呢？是受人尊敬的、被人效法的人嗎？藉由如此的自我檢視，就能鞏固自己，抵禦外界的種種利誘或自我貪婪。這就是「做對的事」，當自己持續在做對的決定、對的事時，一方面可看到自己越來越接近幸福，尤其是幸福的成效和成果。另一方面就能積累自己一種極爲特殊的能耐——即「能做對的事情」，這一種罕見的能力，這就是杜拉克和林書豪共通的地方。

當他人問杜拉克：「身爲管理者必須樹立風範，尤其在道德的層面上，究竟要怎樣做呢？」杜拉克回答：「我的答案，是一個很古老的答案。可以回溯到古希臘時代，我稱之爲『鏡子測試』（Mirror Test）。每天早晨起床，看著鏡中的自己，不論你是正在刮鬍子或者塗口紅，你都應該自問：『鏡子裡的人是你想看見的人嗎？』」「鏡子測試」雖然是古希臘人提出自我檢視的想法，但卻直到現代，都值得我們去效法，這樣的練習之所以會有效，需建立兩個前提：一是我們決心要嚴苛地要求自己；二是取決於自己的毅力和恆心。

杜拉克這種嚴以律已、寬以待人的處世態度，是因爲是外界有著太多的陷阱、擋不住的誘惑，尤其自己胸懷大志又具有出色的才華，以致於他人有求自己時更是無法抗拒。爲此，自己要時刻警醒、天天反省自察，做到眞我與假我的鑑定，讓自己的假我無所遁形、眞相敗露；不再自我感覺良好，甚至於自欺欺人。因此不管是來自金錢、情慾、權位的誘惑；或是貪婪的試探、無弊、賄賂、收買、謊話、關說……等等，都能堅定不動搖。更爲重要的是捍衛自由、公義、眞理，甚至於正直地主持公道，敢於指出不公不義之人、揭發不法勾當，才是眞正的紀律，要向錯誤的問題說「No」。

爲了要能自我管理，杜拉克早年就發現這項奧祕——要了解「我的核心價值觀究竟是什麼」？使他能明哲保身，不需爲錢而活、不爲賺錢而工作、不爲利誘而服務，更聚焦的是爲「人」而貢獻，才有可能成就其「管理學」的發明，這的確是至關重大。

若任何組織的價值系統跟個人價值不相容，這個人注定遭遇挫折和失敗收場。據說杜拉克三次婉拒「哈佛商學院」的邀請。爲什麼拒絕全球頂尖的商學院呢？其主要原因有三點：「一，該院的高材生根本聽不懂我在說什麼，因爲他們毫無工作經驗；二，該院規定要全職不得兼外界諮詢服務，這違背我的核心價值『企業實驗室』的求眞理念；三，哈佛核心價值將培養學生成爲具影響力的有錢人或位居高位者，這顯然違反我的願景、使命感，因此無緣合作。」他說。

爲此，個人長處與個人的做事方式之間，極少會出現相互矛盾或衝突，縱然有也會很輕易的調整，更何況長處和做事方式會因績效與貢獻的要求因而獲得相輔相成。但杜拉克因個人的核心價值與使命跟自己的長處與做事方式出現相互矛盾時，就斷然拒絕，儘管哈佛商學院如此的重視和具有誠意，但他依舊不動心，加以婉拒。

價值取向無關乎對錯，以一個人力資源總監爲例。她以擅長知人善任被一家跨國集團所聘任，由於她一向主張集團人才拔擢應以「公司內優先於外聘」，先確認內部沒有合適人選後再向外界求才。但該集團高管卻堅持向外徵才，以便帶來衝擊和革新。雙方產生基本價值認知差異，導致無法做成決定，結果還是需要由執行長最後裁決。

這無關政策，而是價值取捨。由於她的價值無從發揮，也沒辦法施展，經過幾年的挫折打擊最終只好掛冠求去。

同樣的問題也在一家大藥廠上演。醫藥研究與發展（R&D）的策略方向，究竟要朝向日常用藥需求，還是朝向罕見疾病藥品投資？基本上這並非是個財務或報酬率的問題，而是兩樣價值系統的衝突與爭執。一方主張藥廠的主要貢獻應以協助醫師行醫治癒病患；另一方則是從事科學研究藉此有重大突破，以針對罕見疾病的重大貢獻爲重點。

企業經營究竟是追求短期績效還是長期發展，同樣是價值觀的問題。財務分析師一向認爲兩者可兼顧。是否這樣，歷練豐富的老闆最清楚——企業必須創造短期績效否則很難生存，但當短期績效與長期發展之間出現矛盾時，此時老闆必須決定它們的優先次序和輕重緩急。

同理，知識員工與企業都各有各的價值觀，若出現衝突時，則個人或企業必須做出取捨，而不是想要以一己之力改革或推翻企業的價值。不是自己走人，便是兩敗俱傷。雖然不一定要完全一致，但至少必須近似才能彼此共存。

一個人的長才與他的表現方法之間很少會有出現衝突。但是若個人的長才與他的價值觀發生衝突，亦即一個人最擅長的工作，可能不見容於他個人的價值系統，如此一來，他最擅長的工作也許就不值得投入耗費畢生的精力。核心價值觀永遠是最高的檢驗標準，也是最終的唯一檢驗標準。就像杜拉克於一九三〇年代中期辭去前途似錦的商業銀行，因爲他不認爲資產管理的工作是一種貢獻，「人」才是他最重視的價值重心所在，成爲首富他覺得意義不大。儘管當時仍是處於經濟大蕭條時期，他還是毅然決然離去，這是杜拉克事後認爲正確的決定。

林書豪很想跟弟弟林書緯一起在球場打球，但是他最後還是到大陸CBA打球，並加入首鋼籃球隊，究竟爲的是什麼？當然大多數人都認爲他是爲了錢才回到中國打球；許多球迷認爲他是爲粉絲群打球；商業人士則認爲他是爲了在大市場分一杯羹，創造商業價值。但他卻表示加入CBA是「回家」的感覺，就像一個孩子誤闖到他鄉異地打天下，受到種族歧視，終於可以回到自己的家鄉一樣！這也是核心價值的抉擇（不然他也可以選擇去歐洲打球）。

僅有極爲少數人在小時候就曉得自己歸屬何方，或不歸屬於何處。就像杜拉克在兩歲時手中握著畫筆就知道自己不可能成爲畫家一樣。可是有些小孩子在年僅四～五歲時就已是展露才華了，諸如數學神童、音樂怪胎、舞蹈天才、棋藝奇才或廚藝鬼才……等，恐怕老早就已定下來自己的人生，甚至於事業是什麼。但更多人縱然到了大學畢業都不知道自己要做什麼工作，更別想未來的策略規劃了。杜拉克指導我們自問自答三個問題：「第一，我的長處是什麼？第二，我是如何表現？第三，我的價值觀是什麼？」然後我們才知所己長、知所歸屬，而不是只憑著個人的興趣去找尋歸處，就像愛因斯坦一樣喜愛拉小提琴，卻不是他的長處所在；但他不熱衷的數學反而是他的天賦！

知道但是卻做不到，愛因斯坦如此偉大也難例外，更何況我們這些平凡人。可是無須聰明絕頂一樣也可以知道就做得到，因爲我們可以自己做決定，知道自己不擅長卻有興趣也能適可而止；反之，自己擅長卻提不起勁來幹活，也能轉換心態、調整焦點。例如自己不適合做重大決策者就不要奢求晉升高管，做個快樂專業的領頭羊更合適；適合待在小型企業就不要爲了面子硬要到大集團工作。

有效成功的個人事業，不是靠規劃得來的。當知識工作者充分認識自己的長才與限制、工作與做事的方式以及核心價值觀，並做對做好準備迎接機會來臨時，職業自然有所發展。知道自己能做什麼，不能做什麼。即使是資質平庸，也能脫胎換骨、有著傑出的績效表現。

就在我高中畢業剛上台北時，有一天我到西門町逛書店，無意中翻到一本不起眼的書《有效管理者》（The Effective Executive），翻到第三章時，有幾個字深深地撼動了我的心靈——「我能貢獻什麼？」心裡想著爲什麼是「貢獻」呢？又爲什麼不是「成功」或「成就」呢？疑惑不已！

自古以來，根本無人在問：「我能貢獻什麼？」只會問說：「我如何才能成功？」因爲老闆會直接告訴你要做什麼，做到什麼樣的程度、標準，甚至於更高的要求。到了六〇年代之後，人力資源部門主管會協助員工做好職業生涯規劃以及策略發展。

舉例來說，白莉安過去曾是醫院的一名資深護士，她本人除了護理知識和該有的技術外，並沒有其他什麼樣的特殊才能，她連護士長都沒擔任過。可是，每當醫院遇到有關病人的護理事件必須做決定時，白莉安小姐總是會問：「我們對病人是否已盡了最大努力了？」因此，舉凡在白莉安小姐所負責病床中的病人都痊癒得特別快。多年來，該家醫院人人都曉得所謂的「白莉安精神」。那就是，凡事都應該先自問：「對於本院的使命我們是否已盡了最大的貢獻？」就像林書豪在接受媒體提問時總是這麼回答：「我不在乎個人成績如何，只在乎球隊，是否勝利。」

談到「貢獻」（Contribution），就不得不提一家製藥公司的新任總裁，在他任職期間所完成的任務可說是誰也比不上。在他走馬上任時，這家公司規模極小、不起眼，事業也局限於國內市場。但等他在職十一年之後退休時，該公司卻已成爲世界級的跨國集團了。起初幾年他集中資源在「研究與發展」工作上，推動研究計畫且大量招攬研究菁英。他本身雖不是科學家，但是他卻授權研發主管提出具前瞻性的五年策略規劃，因此，他果斷決定了自己公司的研究方向，不跟隨同業競爭的行列。結果不到五年，該公司已在兩項新藥計畫項目取得業界的領導地位了。

緊接著他又轉移策略目標，全力發展公司成爲「國際性的集團」。就在當時，瑞士在製藥業領域上已是領先全世界了。因此，他專注於分析全球藥品成長趨勢走向，因而斷然制定兩大策略——健康保險與大眾醫療服務主題，這將是未來刺激藥品消耗量的主要來源。他採取多元模式，即依各國政策搭配策略經營予以配套實施，例如某些國家已將健康保險納入發展政策，該公司就立即快速打入該國市場，以避免捲入競爭的漩渦中。

最後的五年任期中，他又集中資源制定了一大新策略，以配合各國的社會福利政策——意即病人看醫生開處方，藥品費用則由政府、公立醫院以及社會福利單位（如美國的藍十字會）分攤。他這項新策略，制定於一九六五年，就在他退休前完成，該項新策略準確掌握了各國政府的變化和需求，其離成功之門應該不遠了。

從以上案例不難看出，前瞻的時間拿捏確實是至關重大，太長恐怕得不償失，太短則陷入短兵相接。通常最合適的幅度以十八個月爲佳。接下來再問：「我要從哪裡切入，在未來十八個月內獲得能發揮優勢，且具有影響成效與成果？」

杜拉克很喜歡對別人提出問題，其中最具有洞察力的問題應該是這句：「你希望他人如何記得你？」就像我們是如何記得杜拉克一樣。

世人將持續認識杜拉克爲組織管理帶來正面深遠而又具前瞻性的根本性影響。如同《大師的軌跡》中寫道：「一九五四年十一月六日，發明了『管理學』。時機掌握得很好，五〇與六〇年代的管理熱潮正開始起飛，然而當時市面上卻沒有任何一本談管理的書籍。沒有一本書能夠向經理人解釋什麼是『管理』，也沒有任何一本書像二十世紀其他重大的社會創新一樣，能夠將『管理』建立成一項制度。」

《管理學：任務、責任與實務》，研讀這本書的讀者，無不欣然接受杜拉克宣揚的觀念，就像是重新獲得信仰一樣，其他數以百計提出管理論述的學者，都應該感激杜拉克。他可以叫這些人的論著相形失色，又能讓他們朝向同一個方向全力以赴且促使他們對「管理學」這個新領域，持續產生濃厚的興趣。

就如《商業周刊》指出：「極少有人以經理人所從事的工作爲主題提出書面論述……身爲教授與諮詢顧問的杜拉克，卻用《管理的實踐》（The Practice of Management）一書將這個領域一網打盡了。就像藝術和科學領域的許多先驅者，在他們之後必定會有更多的追隨者。但現在看起來，這本書無疑是該領域最傑出的一部，而且這樣的地位勢將維持一段很長的時間。」

在接受一位記者訪問質疑時，杜拉克回道：「《管理的實踐》上市之後，人們就可以從這本書學習如何管理。在這之前，似乎僅有極少數的天才才懂得管理，其他的人卻無法複製。於是乎我決定寫一本有關這領域的書，讓它成爲一門學科。」

記者追問：「那麼，其中的內容該不是你發明了吧？」杜拉克回應：「大部分是的。」杜拉克又補了一段柯林頓式說詞：「聽著，如果你不了解某件事，就不可能複製它。那麼，我們就不能說某件事已被發明了，而只能說大家一直在做這件事。」於是乎，從這個角度來說，杜拉克確實發明了「管理」，並且憑己之力建立了一門「管理學」學科。難怪美國克拉蒙特彼得．杜拉克研究生院有一尊杜拉克雕像，上頭有一段話：「管理是二十世紀最偉大的社會創新。」

「管理」最偉大的貢獻是讓人人因學會管理而做好「自我管理」，然而管理是人類對所處的社會基本制度中了解最少的一個領域。甚至身處組織內部的人或工作坊的知識工作者，對管理也所知甚少。他們常常不曉得自己該做什麼、不該做什麼？該管什麼、不管什麼？更不要說是管理原則、管理方法的認知。尤其更無法體悟「管理學」所要闡述的眞義，即：「經營組織唯一正確而有效的定義就是創造顧客」，亦即探索「績效表現背後的邏輯和體現內與外顧客的價値」。由此可見杜拉克是一位人類經濟文明的道德家。

談到個人，究竟要多長的時間來做職涯規劃才算是合理呢？有人說五～八年之久，卻又有人說三～五年就可以了，更有人說一年一年來比較實際。根據實際狀況，以三年策略思維為宜，十八個月為戰術執行方案為佳。原因是內外在的條件瞬息萬變，太長根本不切實際，太短則容易失控，以十八個月來計畫，且每半年做修正、調整以及做應變。這樣，易於掌握進度、更新以及成效成果。

究竟要如何確保能執行有效？「要能符合自己長處、做事方式以及有效學習的方式、還有如何表現等關鍵問題，如此再考慮事情的輕重緩急與優先次序。最後務必考慮其影響範圍和層面以及可否計量，因為無法計量就不能管理。值得注意的是計畫要能有效落地，也需要再思考做什麼，不做什麼，從何處切入、如何開始，以及目標進度、期限等因素。」

工作之所以會有效，必定涉及到和別人的互補與合作關係。為此，我們必須要為「關係負責」，為何要為關係負責呢？與其說為雙方的關係，不如說是為結果負責來得恰當。不管對方是共事同僚、上司或部屬（更何況已經沒有上下的從屬關係）。或者是跨領域、跨國界的合作關係，這在現在已是越來越普遍了。雖然也有極為少數人是無須跟他人合作或共事的知識工作者，例如畫家、書法家、棋手、工匠、說書者、詩人……等等，鮮少不依賴他人學習或虛心受教因而學會的。自我管理必須要為共事者關係負責，為的是共同承擔最終成果的責任。

根據杜拉克的洞見：「關係的責任，可從兩部分來看；第一部分，先要認識，他人都是跟你一樣的個體，你必須了解共事者的長處、表現方式和價值觀。聽來很容易，然而認真聽進去的人卻很少。舉個常見的例子，某人在第一個職位上習慣寫報告，因為當時上司是個閱讀者，可是當換上聆聽型的上司之後，該員工持續寫報告，結果報告卻不得青睞，上司逐漸覺得該員愚蠢、無能又懶惰，注定該員工失敗收場。反之，該員工認真研究新上司，分析新上司的表現方式，這樣的悲劇應可避免發生。」

如何有效管理上司或輔佐上司，這是身為職涯中自己的執行長之重責大任。然而上司不只是公司的頭銜，他們都是「人」，既然是人，當然更需要認知他們最適合的工作方式。為此，應該觀察與認識他們的表現方式，並調整自己來讓他們更有效的工作，這正是「管理上司或輔佐上司」的祕訣所在。而針對個人工作坊亦是，對於合作方的學習、工作和表現方式越清楚、越明白就越能獲致有效。包括是閱讀型或聆聽型、上午、下午以及全天候型。同樣的方法也能應用在所有的工作同事上。

另外，爲建立正確而有績效的工作關係更需負起「溝通的責任」。爲什麼要負起跟共事者的溝通責任？其主要的原因有二：一是爲了有效的成果，二是爲了幫助對方使其有所貢獻，更爲重要的視其爲顧客（即內、外責任）。

在任何組織裡幾乎成本最高、耗費最大的莫過於「溝通問題」。儘管安排多少堂「有效溝通」和「說話藝術」以及「有效表達的技巧」的相關課程，爲何不見有作用呢？原因不在於這些問題，乃在於沒有人願意主動扛起「溝通責任」，以致於將問題推卸給對方，大都認爲個性不合，不尊重彼此，導致不願意溝通、不願意爲生產性的關係負責。以致於衝突、結怨、憤怒收場。我們得加以思考，不是溝通不良，而是關係未建立好，關係需要長期而有效地經營，在這基礎上溝通才會有效。爲此，課程設計應著重於「關係的經營」，之後再來提倡溝通的方式和說話技巧。「關係的回歸，才是和諧的根本」。因此要去認知他人在做什麼、擔任什麼角色、如何工作、專注於什麼樣的貢獻、期待什麼樣的成效與成果。反之，不去了解或認知他人，最終其實就是問題都出在自己，因爲都不聞不問，似乎跟自己毫無關聯似的。

第十三章

提高知識工作者的生產力

負責任是成功的關鍵因素。

廿一世紀在管理上最需要創造性的貢獻即是：「提高知識工作者的生產力」。原因之一是生產力才是解決通貨膨脹的良方；其次，生產力是國家競爭力的主要來源。廿一世紀最有價值的資產是任何組織內的知識工作者與他們的工作生產力。

我們對於知識工作者的生產力所知甚少，且研究的文獻更少。以下是生產力工作的關鍵六要點，至少能釐清眞相，有助於找到一些有關「生產力」的本質。

一、工作內容與定義，確實對知識工作者的生產力至關重大。

二、促使知識員工願意負起生產力的重責大任。

三、有關知識工作者任務與責任上，都必須持續創新。

四、知識工作者必須終身學習，也必須持續教導他人。

五、知識員工的生產力不在於工作成果的量，而是質重於量。

六、視知識工作者為「資產」，而非「成本」；將資產轉換成生產力、創造顧客。

首先，知識工作者是不能給予命令的，也不能嚴密監督的，更不能給以詳細指導的。就像志工、義工管理一般，那我們該怎麼辦呢？我們只能做一件事——多方協助。但眞正的解決之道則是知識工作者本人，他們必須自己引導自己，引導自己朝向績效和貢獻。換言之，必須引導自己朝向工作有效性的方向走。

爲此，知識工作者不是賣力地工作，而是要聰明地工作。尤其用腦與用心地工作，即「思考」工作正是他們的本質，而「思考內容」便是代表他們正在「做工」（Thinking）。因爲他們做工的眞正內容即是「知識、資訊、創意與創新」。這樣的結果就是知識工作者的半成品或稱未完成品，若沒有轉換成爲知識工作者的投入或產出，就不可能有實際的用途與意義。這也說明了知識工作者必須融入團隊，成爲團隊的一員，其次，再棒的創意、再偉大的智慧，假若不能應用於行動上，也將是毫無意義的資訊。鞋子的設計、款式、時尚、大小若沒有排上生產線製造，就是無效、毫無生產力可言，因爲沒有「最終產品」。

我們評鑑一位教授的績效表現的好與不好，並非他教了多少個學生，而是他教會了學生什麼或學生從教授身上學到了什麼，這就是「品質」的評鑑標準。在評價一家醫學實驗室的生產力時，不能僅問這家實驗室做了多少個實驗個案，而是要關注實驗的成果有幾個是有效的、可靠的，這才是關鍵。因此，先做好品質的定義，其次再增量，如此產量才會有實質意義和價值。

知識工作者的生產力有一個極關鍵的問題：「你的工作內容是什麼？」這是關係到是否有生產力的切身問題。但事實上，絕大多數的知識工作者根本不會問、甚至不曉得有這回事，這可能是生產力無法提升的眞正原因，因爲他們做了許許多多根本跟生產力毫不相關的工作，以致於抱怨連連、挫敗不斷。例如工程師在工作時總被打斷、有時接到客戶的詢問細節電話、有時被要求去開緊急會議、有時被派到工廠解決問題。護士無法全時間去照顧病人，原因是他們要寫報告、交流病人現況給下一位接班的護士或醫師。百貨公司競爭十分激烈，尤其櫃檯人員要花時間清點存貨、檢查、清潔、審核帳目，結果對客戶的服務和需求所知甚少，自然生產力就不可能會好了。

不論個人工作坊或微創業者都必須認知，「工作的任務內容是什麼」？促使知識工作者能專注在眞正的工作上，而不用去理會其他事情，至少可以盡力不用理會。爲此，這就需要知識工作者本人定義自己的工作內容是什麼，或者應該是什麼，而且只有知識員工才能自行下定義，因爲自己不定義就不能明確、簡單、清晰和具體已一以貫之有效性的工作，以創造更高的生產力。

要常常一連串地自問自答：「我的工作任務內容是什麼，應該是什麼？他人需要我有什麼樣的貢獻？」還要自省地請教他人，有哪些事情阻礙你的工作表現呢？應該盡力排除和解決。

我們可從實務觀察得到驗證。提出這幾個問題，並依據自己所回答的具體內容做成計畫，且採取必要的落實行動。人們會很驚訝地發現八到十個月之後，多數知識工作者的生產力竟然提高爲原先的二至三倍之多。

一旦工作內容定義好了，接下來便著手進行「該做的事」。在這之前得先確認哪些是不該做的事，並集中心力做對的事，即該做的事、具貢獻的事。知識工作者必須下決策、融入團隊並爲自己所支配的時間、精力與成本負責，更要爲他人或團隊的成果負起責任。因爲他們擁有工作自主權，即是經營者（Executive）的角色，所以必須要爲其最終成敗負責、爲成果貢獻負責。因此，知識員工強調的是「自我管理、自我經營與自我領導」，即是成爲一位職涯中自己的執行者，否則就很難善盡己責、攻克己身、完成己業之目標。

然而，知識工作者最難的部分往往是無法計量、具體描述。更難的是它是一項抽象的思維，卻要決定有形的商品以及策略。爲此，工作的品質究竟是什麼，如何有效管理、經營和領導呢？「品質」的標準是什麼，如何界定，又怎麼考評呢？所以，基本上是一種「評價」，即專業、專家的評價；而非「數據、數值、大數據」說了算。

就像外科醫生有賴定期接受評估，接受同事們的綜合評價，如心臟手術患者的存活率，衡量的標準是醫生進行艱困且極爲風險的手術成功率。反之，整形外科手術的病人復原率就相對要簡單多了。不過，主要問題不在於品質如何評價，而是如何定義工作內容是什麼，應該是什麼？針對這一點，通常意見非常分歧。

最好的例子，就是美國的教育制度，多數的市區公立學校都是重災區，然而在周邊的私立學校（大多數是天主教學校）招收一樣的學生，私立學校學生卻品行良好，且學習意願又高。爲什麼會有這麼巨大的反差呢？家長們議論紛紛。顯然，有個極爲重大的原因是——這兩類學校對個別「任務」有著不一樣的定義。公立學校所定義的工作任務「協助弱勢族群」就學。而私立學校，尤其天主教所屬的學校定義自己的任務乃是「讓那些肯學習的學生獲得實質的協助」。結果造成公立學校辦學徹底失敗，而私立學校卻獲得大大的成功。當然目前是否有重新定義任務我們不得而知，但快速調整是有其必要的。

需要定義知識工作者的「工作品質」，並將該項定義轉化成知識工作者的「生產力」，這兩項都跟「工作定義」有關。要針對工作下定義就得必須根據該組織的「最終產品」或「成果」做出判斷。當然可能做出困難又具有風險性的決定，甚至爭議性的定義。定義之所以很難並非是定義的本身，而是每個人的經驗和角度不同所衍伸的看法分歧，其實分歧的意見反而有助認清定義的本質，例如公立或私立學校的最終結果，反而更能檢視定義的重要性。

爲此，在籃球場上的球員又是如何計算或評價他們的價值（MVP最有價值球員）或生產力之類的貢獻值，依此來匹配其薪酬多少，以及市場價值？當然還有其他周邊的利益和大量粉絲，就像已退休多年的麥可·喬丹依然粉絲眾多、坐擁金城。例如有出賽場數、先發場數、得分（PTS）、投籃命中數、出手數和命中率、三分球命中數、出手數與命中率、進攻籃板、防守籃板、助攻（AST）、抄截（STL）、阻攻（BLK）、失誤（TO）、犯規（PF）、分鐘（MIN）、助攻失誤比（AST/

TO）、球員效率指數（PER），計算公式：按NBA效率計算方式，得分＋籃板＋助攻＋抄截＋阻攻－（投籃出手數－投籃命中數）＋（罰球出手數－罰球命中數）＋失誤），針對球員的貢獻內容做出十分精細的定義。

例如一名球星在一場競賽中他的得分、籃板、助攻、抄截和阻攻等五項數據中任兩項取得兩位數稱爲雙十，任三項達兩位數稱爲大三元，任四項稱爲大四喜，大四喜是極爲罕見的（在NBA史上僅出現四次），還有一個5×5，指的是在上述五項統計數據中每一項都至少取得五以上。

因此，「不能衡量就不可能有效地管理」。而衡量不局限於數量或分數，有些看不到的衡量有時更爲重要。比如組織能力、解讀能力、基本運球能力以及領導力……等，往往能決定球隊的勝負和最後的結局。爲此，球員本身也是知識工作者，他們必須學會以腦打球、以心得分，融入球隊而非獨幹到底，最終成就一位巨星，卻喪失了一支球隊。

杜拉克爲何要把「知識工作者」視爲一項資源而不僅是成本，原因是他認爲知識工作者符合財務學中所說的「資本資產」（Capilal Asset），即由公司所擁有，且預期能在較長一段時間內產生有價值的某項財產（Property）。就像一位巨星在一支球隊內的地位以及貢獻價值往往可能是「非賣品」。

成本必須要有效控管、降低；資產則必須要能成長、增值。一消一長即能快速提升知識工作者的工作績效和生產力。因爲知識員工本身擁有「生產工具」（包括知識、技能與經驗……等），亦即他們腦中的知識和技能絕對帶得走、而且都是極豐富的資產。他們與組織之間的依存關係會發生微妙的變化。爲此，這是一種「共生、共榮」的關係。一旦離職，可能的傷害會比預期還要大。

組織或個人究竟要如何有效管理這項「資本資產」呢？如何保護該項資產呢？又如何才能吸引或留住生產力最高知識工作者呢？這些問題究竟對人力資源政策有何意義呢？尤其是如何有效地管理自己工作的生產力？

說到底，要能提高生產力必須從「態度」改變做起，尤其是「基本的態度」，不論是個人或組織，要從基本態度改變做起，這也是新加坡星展銀行成功創新的關鍵之一。第一步，找到能快速接受新事物的部門開始做起，很快就能看到改變後的成效。第二步則讓這部門持續地踐行新作法長達十八個月時間，眼見生產力大幅度成長後，逐步推廣到整個集團裡，並協助各部門工作及組織評估方法及態度，結果出乎意料，不到三年光景，就有快速的成長和文化轉型，成功之道從「人」著手。

知識工作者的工作生產力乃是廿一世紀管理上的最大挑戰，這是已開發國家的首要生存條件。若不如此，已開發國家不可能持續發展，更別說維持他們的領先地位和生活水準了。就像以色列成爲創業與創新的模範國家，盧森堡持續扮演著轉型成功的佼佼者，讓人羨慕不已。

對「改變」的認知已經出現重大的變化了，即是一種眞正重要而且影響深遠的「改變」。有以下四項：

第一項改變：因教育普及造成人口極大的流動和遷移。

第二項改變：知識變得比技術更重要。知識本身會發生不斷的改變，甚至知識也會淘汰知識，而且越來越迅速。

第三項改變：知識工作者需要徹底自我改造，而不只是學到一種新技能而已。

第四項改變：在改變和持續之間必須得維持平衡，尤其是一種「動態性的平衡」。

通過杜拉克早年七次的親身經歷或許能給我們一些啟發與學習。

第一項經歷：威爾第的啟示——偉大義大利作曲家威爾第於一八九三年作最後一齣作品《法斯塔夫》（Falstuff）。十八歲的杜拉克聆聽這部作品時十分驚訝，這齣充滿歡愉、生趣盎然、極具活力的歌劇，竟然出自一位八十歲老人之手！他永遠不會忘記那夜帶給他的印象深刻和震撼力。

當杜拉克讀到威爾第接受訪問時說的話：「我一生都是音樂家，而且一直竭盡全力追求完美的境界，雖然我一直無法達到那種境界，但我依然不斷追求。」

當時杜拉克就下定決心，不論將來的工作是什麼，威爾第的話將是他一生的指針。事後證明他果然做到自己的承諾，只不過「歌劇」換成「著作」，被問到哪本書是最棒時，杜拉克總是回答：「下一本。」

第二項經歷：菲迪亞斯的教誨。被西方視為傳統中最偉大的雕像之一的「帕德嫩神殿」，於西元前二四〇〇年時委任古希臘最偉大的雕刻家菲迪亞斯所雕刻完成。可是當要申請款項時，雅典市府會計官卻拒絕付款道：「這座雕像站在殿堂屋頂……在雕像背後什麼也看不到的情況下，你怎能向我們索取全額的費用？」

菲迪亞斯反駁道：「你錯了！上帝看得到。」它對杜拉克猶如當頭棒喝。杜拉克並非總是能達到完美，他也常常做很多不該做的事希望上帝沒注意到；他卻一直相信即使只有上帝會注意，我們也應該力求完美。杜拉克道：「不是要追求完美，而是要邁向卓越。」因為完美易模糊，也是不可能的任務；而卓越卻是無止境、無上限，但卻能貼近完美。

第三項經歷：發展出自己的研究心法。杜拉克早年在報社服務，每天下午出報。早晨六點開始工作到下午兩點十五分下班。杜拉克「強迫」自己每天下午至晚上閱讀，主題諸如國際法和國際關係、社會、法制史、各類通史、金融……。逐漸地，他發展出一套自己的「系統」（System），每隔三～四年都會選擇新的「主題」（Subject）研究，例如統計學、中古史、日本藝術與經濟學，甚至花更多時間鑽研「歷史學」與「政治學」，成為自己專業而嚴謹的訓練。更為重要的是，他強迫自己「開放心智」，接受新學科、途徑以及新方法。因為，選擇研究主題都要有不一樣的假設，也要使用不一樣的研究方法。這也造就了他獨特的「開放而動態的系統觀」，使他能夠做到「只要聯貫」（Only Conneted），成爲另類又創新的社會生態學家。

第四項經歷：總編輯的智慧。報社的總編輯是歐洲頂尖的報人之一，他培育人才可說是一流的高手。他每周都會跟每個人討論一周以來所做的事，再加上一年舉辦兩次大會議（一次在新年過後，一次在六月暑假之前）。打從周六下午至周日整天時間，會中檢視過往六個月所做的事。總編輯大多數是由優異的表現說起，其次評價曾努力做好的事，接著檢討努力不夠的事，最終他會嚴厲地批評做得糟糕或未做的事。

會議最後兩小時則用來計畫下半年的工作，宜專注於哪些事？改善哪些事？什麼事是每個人都該學習的？會後每個人都要在一周內把工作計畫交到總編輯存查，重點有：半年的工作和學習計畫。杜拉克「練習簿」學習法早在國小四年級的老師愛莎小姐已經傳授給他了。眞沒想到進社會之後又遇上智者總編輯的教誨，杜拉克爲何如此幸運？讓他遇上這麼多的貴人。當然，他能充分把握、虛心受教，卻不賣弄自己的小聰明才是關鍵。

爲此，杜拉克持續終身學習，每年暑假都會撥出兩周時間，回顧過去一年來的工作。先檢討做得不錯、但是可以（或應該）做得更好的部分，接著檢視做得不好，以及該做而未做的部分。最後，再決定接下來在諮詢顧問、寫作以及教導的工作中，應該以什麼作爲優先項目。

第五項經歷：資深合夥人的醍醐灌頂。一九三三年時，小銀行創辦人弗利柏格有天要杜拉克到他辦公室，說道：「你剛到公司來時，我對你的評價不高；現在，我對你的評價依然不高。你比我想像的還要愚蠢，你在那個職位，不該這麼愚笨。」由於兩位年輕合夥人天天誇讚他，把他捧上天，創辦人這些話，讓他十分錯愕。

老先生又說：「我知道你在保險公司是個非常優秀的證券分析師。但是，假若我們找你來還只是要你做證券分析師的工作，還不如就讓你留在原公司就好了。你現在的身分是合夥人的執行祕書，但是你仍然做證券分析。你現在應該想想，該怎麼做才能讓新工作有高效能？」

他這番話讓杜拉克非常憤怒，但杜拉克明白他是對的。之後，杜拉克完全改變了工作態度和方法。杜拉克說道：「依我的經驗，沒有人能夠不經由他人點醒而自己發現這一點，你需要他人來點破迷津。一旦你學到這一招，必定終身難忘，而且在新崗位上必定勝任愉快，幾乎毫無例外。要做到這一點，你不需要有超人的知識和資質，你只需要集中精力於新工作所需就可以，包括思考你面臨的新挑戰、新任務為何。」（這也戳破了彼得原理謬論。）

第六項經歷：來自耶穌會與喀爾文教會的啟示。這兩個組織打從一五三六年成立開始就採用同樣一套的學習方法，結果都取得非常大的成功。不論是神父或牧師做了重大的決策之後，他們會在事前寫下所預期的成果，九個月後，再將實際成果和預期結果作一比較。很快地就能看到哪一部分做得好，自己的長處在哪；同時也能看出需要學習什麼、或有那些習慣必須改變。

最後，還能看出自己不擅長、做不好的部分。杜拉克根據這個方法持續做了超過半個世紀，結果才發現自己在做最有效的工作。他有三分之二的著作是在六十五歲後創作的，更為重要的是，生產力大大地提升，工作時間也相對降低很多。這種「反饋分析比較法」既簡單又有效，尤其重複反饋所得到的總結與收穫，並非要追求完美，而是要能邁向卓越之路。

第七項經歷：熊彼得的生命教誨。一九五〇年一月三日父親跟杜拉克一同前往拜訪著名經濟學家熊彼得，六十六歲的熊彼得舉世聞名，仍然在哈佛大學任教，且是美國經濟學會非常活躍的主席。杜拉克父親年輕時擔任奧地利財政部公職，同時在大學教授經濟學課程，因而結識當時年僅十九歲，最聰明的學生熊彼得。

父親笑著問熊彼得：「約瑟夫，你現在還會談到——希望人們因爲你的什麼特色而被記得？」杜拉克回憶：「熊彼得當時爆出響亮的笑聲，我也跟著笑了。因爲他在三十歲出版了他最早的兩本卓越經濟學著作時曾說，他很希望人們記得他是歐洲美女們的大情聖，也是歐洲最偉大的馬術師，或許也能成爲世界最偉大的經濟學家！」熊彼得回答杜拉克的父親：「是的，這問題對我來說仍然很重要。但是我的答案卻跟以前已大不相同了。我希望人們記得，我是個老師，我曾把六、七位優秀學生培育成爲一流的經濟學家。」

他見父親滿臉驚訝，接著說：「阿道夫，你知道我已經到了這把年紀，我知道光是被別人記得我寫的書和我的理論，已經不夠了。一個人如果不能影響他人的生命，那麼他的一生也只能算是表現平庸罷了。」杜拉克說：「探視後第五天他就與世長辭了。」

事後，杜拉克總結：「我學到三件事：一，人必須要自問，希望別人記得你什麼？

二，隨著年齡增長、個人成熟度增加，以及世界的改變，志向應該有所改變。三，能讓別人的生命因自己而改變，是件值得後人追憶的事。」

智者對話充滿著弦外之音，也讓杜拉克獲得超乎想像的啟迪和收穫。知識工作者總會在對的人身上學到眞正的功課，成爲他日後很大的動力與標竿。

有人請教杜拉克：「一個人，尤其是知識工作者該如何維持工作和生活的高效？」他回道：「去做幾件非常簡單的事就行了。」以下是四點應該要做的事：

一、懷抱自己願景和目標，就像威爾第的歌劇（法斯塔夫）對杜拉克的啟示一樣。努力朝目標邁進，個人的心靈應該變得更加成熟，卻不老化。

二、杜拉克發現那些生活和工作有成效的人士，都是採取菲迪亞斯對自己的雕像作品的看法來看待事情：「上帝會看見」。他們不願做僅達到普通水準、平凡的事，他們對工作敬業、對自己則自重。

三、這些人士都有一個共同的特質：把「終身學習」變成生活的一部分。他們或許不會像杜拉克一樣，這六十多年來，每隔三、四年就換一個新學科認眞研究，但是他們會試驗，不會一直滿足於過去所做的事。他們要求自己至少要做得更好，而且不管做什麼，都要用不同的方法去做。

四、這些保持活力與持續成長的人士，也建立了自我檢討工作績效的好習慣。越來越多人執行十六世紀耶穌會和喀爾文教會神父最先想到的事。他們持續記錄自己的行動與決策結果，然後將所做的紀錄結果與原先的預期做一比較，如此一來，他們很快就發現自己的長處是什麼，也知道什麼地方需要改進、改變和學習。最後，他們也曉得自己短處是什麼，因此應該把什麼事交給他人去做。

杜拉克最後總結：「最重要的是，知識工作者假如想要維持本身的高效能，並且持續成長與改變，就必須負起自我發展和安置職位的責任。」

知識工作者必須負起「發展自己、自己發展」的責任，將自己視爲職涯中的自我執行長，扛起對自己的重責大任。並且學會如何自問自答與自疑自判：「我現在需要重新定義自己，專注什麼樣的內、外任務？什麼樣的任務是我有能力完成的？我現在欠缺什麼樣的條件？未來若要有更大貢獻需要什麼樣的經驗、知識與技能呢？我需要什麼樣的人才搭配才能實現願景？什麼樣的團隊才能落實使命呢？爲了明天的外在需求和變遷，我究竟有什麼因應之道？」

杜拉克讓人折服和尊敬的並非他的高明或聰明才智，而是他不斷地自我鞭策、反察自省。最可怕不是聰明絕頂、才華過人，而是他們比平凡人更用功、更精進、更持續。如此，才能成其大、攀其高。

第十四章

自我發展與自我領導

自我發展始於為人服務，而不是領導他人。

美國陸軍統帥馬歇爾將軍曾說：「任務的內容是什麼？是訓練分區軍團嗎？如果誰擅長訓練官兵，就給誰去做。其他的就讓我來處理好了。」雖然他的態度非常粗魯，跟上司向來處不來，到國會聽證恐怕是一場災難，但這些並不妨礙他能訓練一批批能勇往直前、打勝仗的軍隊。難怪馬歇爾能在最短期間內創建了美國陸軍有史以來最龐大的一支軍隊，約有一三〇〇萬之多，並提拔六百多位出任將官、分區司令等職位，幾乎沒有一個是平庸之輩，而且這些人之前並沒有任何帶兵打仗的經驗。其中最關鍵的是四個字：「知人善任」，尤其在「自我發展」上造就自己，讓馬歇爾成為一位偉大而卓越的領導者，贏得古今中外世人的崇敬，以及被杜魯門總統、邱吉爾首相……等領導者所景仰。

為什麼馬歇爾將軍能有如此偉大的成就？取決於三大要素：其一，是馬歇爾徹底明白自己該做的是什麼事，並物色誰才是合適人選以利完成；其二，是馬歇爾很清楚自己該把哪些事做對、做好、做強、做大，並為自己的行為與結果負起全部責任；其三，是身為領導者能主動扛起責任，正直誠實、以身作則，可為屬下樹立嚴格的高標準，因為一個人做到的話，另一個人也會追隨典範。為此，人力資源管理務必向馬歇爾學習，以「績效爲重，對事不對人」，方是上策。

「自我發展」的眞正定義，即：「對個人的能力與素質開發要負起最大責任的人」，不是父母、師長或他人，而是你自己。「自我發展」並非要追求完美，而是要邁向卓越，從中帶來自己工作滿足感與自豪感。技藝超群、專業頂尖之所以重要，不僅因爲它會造成工作品質的不同，更重要的是它對工作者的本身具有重大意義。沒有純熟的技藝，事情就不可能做得好，遑論個人的成長或自我尊嚴了。

卡密（Michael Kami）是企業策略的權威，他有次在黑板上畫一個方塊，然後問大家道：「告訴我你要放進什麼東西？是耶穌？還是金錢？兩者我都可以幫你制定一項策略來，可是你得自己先要決定哪個才是你人生眞正的主宰。」這眞是一針見血了。尤其針對「自我發展」而言。

「自我發展」要從服務他人開始，而不是從領導做起；領導以服務他人、造就他人開始。事實上，這就是馬歇爾將軍的領導風範，也是個人自我發展的典範之一，更是卡密所謂的焦點策略，是知識工作者的共同課題。因爲領袖不是天生的，也不是由外力所塑造，更不是媒體和科技手段所炒作的結果，乃是經由自我鍛鍊進而終成大器。

「希望他人記得你什麼？」或「你希望自己一生中留下什麼？」就像聖奧古斯丁的見解：「思考這個問題是要從成年就開始，答案會隨著我們的成長而改變（這才是常態）。」如果不問這個問題，你的工作就沒有「焦點」、沒有「策略」，結果就會毫無長進。每個人應該從「發展自己的長處」著手，時刻爲自己的未來增加新的本事與作爲，且在工作中踐行。他人往往可以助你一臂之力，但是不論他人如何鼓勵你、提醒你或者漠視你、打擊你，自我發展的眞正工作都應掌握在自己的手裡。

但別忘了，開發自己的長才並非代表要忽視自己的短處。剛好相反，一個人對自己的短處不可稍有懈怠，可是要克服短處要靠長才開發才行。不是要避開它，而是要讓它變成無關緊要。千萬不要想彎道超車、投機取巧、抄捷徑、跑短線。你並不需要到處吹毛求疵、追求完美，但是你也不可以敷衍了事或息事寧人，向糟糕的成果妥協。總而言之，唯有秉持著精益求精、追求卓越的工匠精神，才能夠鞏固自我尊嚴、創造價值，同時建造自己眞正的本領與自由。

另一個聚焦則在於，工作成就來自於內在的素質與長才，需要能與外在的需求和機會相匹配始能發揮功效，兩者才有交集、相互契合，將任務聚焦、成效擴大。就杜拉克本身之所以能有效地自我發展，就我多年研究來說：「杜拉克以超然的旁觀者角度去做眞正的旁觀者——這是完全開放的心智；其次，他將自己正在做的教練諮詢、教導與寫作做得更好、更強、更卓越；第三，以多元化思維、多維度觀點以及跨領域涉獵以建造『管理學』成一門學科；第四，杜拉克在自我發展中傾聽來自內在微弱『改變』的聲音，尤其在順境時改變——千萬別等到困境來臨時才想到要改變。」他經常自問：「以今日的眼光來看，這件事還值不值得去做呢？我是眞的創造成果呢？還是只不過在輕鬆寫意地應付例行性工作，將心血浪費在沒有成果的事上？」難怪杜拉克能在每一年半就有一本新書上市，終其一生不斷進行寫作。

一旦你開始轉行、轉型或開創事業，你將會體驗到不一樣的境界，或邁向不同的目標，「自我發展」就變成了「自我更新」。此時就有像一位良師對你傾囊相助，從中就能獲益良多。你越是渴望達成任務、實現目標就越可能成就輝煌。如此就越可能專心一志地挖掘長處、發揮長才。反之，若成天抱怨、了無生趣，對自我發展不但是傷害，而是誤用了自己。

此時此刻，也可以透過教學來改變現狀，因爲教學相長也許是最佳的方法之一，原因是老師通常都會比學生學到更多。打從備課、教課到學生的發問或學員之間的討論和分享中都能得到獲益與啟發。當然有些人不擅於教導或指導他人，甚至於不願意去教導別人。但是，我們卻可以找機會去幫助別人進而發展自我、超越自己。尤其那些想要服務他人、協助別人，去提升他人的成效和績效的人，都能深刻地體驗或經歷因助人而得到的那一種莫名的快樂和滿足感，這是「自我發展」能產生的極爲重要的作用與價值，通常能享受到超乎所求、所想以及所期待的結果。

「自我發展」中最棒的一項要務，莫過於自我評價。根據杜拉克自身的經驗：「這是我保持虛心學習的最佳方法。」每當看到自己的實際作爲和預期結果差距很大時，總是會覺得十分難過。不過，虛心受教的心也會願意接受改變，並且重新挑戰更高更難的目標。最終總會讓自己踏上峰頂、取得豐盛無比的報償。記錄自我的結果和評價往往能很迅速將心力集中在有所作爲和貢獻的地方。從一事無成、浪費時間以及耗費他人的時間資源的計畫中脫困而出並且重新振作起來，有所作爲。

杜拉克最後告誡知識工作者：「自我發展並非是一種處世哲學，也不只是滿懷善意；自我更新也不只是一種容光煥發的感覺，兩者都是一種行動。是的，藉此你會變得心胸更寬闊，但更重要的是，你會變得更高效能、心志更堅定。」

有一個極爲特殊的個案，是杜拉克親身的經歷，想必我們可以感受他所感受的意義與體悟，是「自我發展」最佳的範例。這是杜拉克跟猶太教一位長老，名叫亞伯拉罕（當然不是舊約的信心之父亞伯拉罕）的故事。從他身上，杜拉克首次體認到，「自我發展」代表的是一項與生命等長的歷程。

「一九五〇年代的初期，我在一次登山活動中認識了他。之後，我們成爲多年的登山夥伴。我們兩人都在相同的避暑勝地度過夏日，而且都喜愛爬山，二戰爆發時亞伯拉罕正在讀法律，他加入了海軍作戰，受到很嚴重的傷害。老實說，他從來就沒有痊癒過，三十五年後這些舊傷終於奪走了他的寶貴性命。他退役後，他在神學院就讀。我初次遇見他時，他正開始在一個中西部大城市著手創設一家猶太會堂兼社區中心——完全從一無所有做起。短短十年之間，這家會堂已經變成了美國最大的革新派猶太教聚會所，總共有四千到五千名教徒。」

「有一天我們在散步時，他突然對我說：『彼得，我已經決定離開這家教堂，從頭再開始。』可想而知，我當時有多麼的震驚。我瞪著他，一時無法會意過來。然後他卻繼續說道：『我覺得自己毫無長進。』一年後他告訴我，他決定要加入針對年輕人的服務工作，到一所著名中西部的大學擔任傳教士。」

「亞伯拉罕對我解釋道：『我還很年輕，所以我很能了解年輕人的煩惱。而我又成熟到早已經歷過他們正在經歷的事情，我看得出來年輕人會碰上不少的麻煩。』當時大約是在一九六四年、一九六五年間。沒多久，年輕人果然開始騷動不安，我的朋友在其中充分發揮了中流砥柱的作用。這麼多年來，總會有人告訴我：『你認識亞伯拉罕嗎？他救了我一命。當時我才二十歲，差點染上毒癮，或是做出一些愚蠢的事來，毀了自己。』」

「接著，差不多在一九七三、一九七四年間，亞伯拉罕又在有一回散步時再次嚇了我一大跳：『我覺得我已經盡到在大學傳教士的責任了。我已不再年輕了，跟不上他們的步調了。我一直在想這件事，我認爲現在社會的需求是針對老年人服務工作。人口的成長正朝向這個方向前進。』」

「一、兩年之後，他辭掉了大學的工作，搬到亞歷桑那州的一個城市，那裡住了許多退休的人士，然後他全心全意全力地從頭開始。當他去世時，在他的社區中退休人士約有三、四千人之多。他專門找尋一些寂寞、喪偶和生病的老年人，不僅帶給他們心靈上的慰藉，同時也盡力照顧他們生理上的需求。」

「亞伯拉罕是第一位對我說了這句話的人，後來我也向許許多多的人重複他的這句話：『你有責任安排好自己的生活，沒有人可以代勞。』」

他的生活型態很明顯反映出「自我發展」的兩項要義：「發展個人，也發展技能與奉獻自己的能力。」這兩項工作並不一樣。本段參考於《使命與領導》（Managing Nonprofit Organization），彼得．杜拉克著。

亞伯拉罕一生自我發展的精髓乃在於「在別人的需求上看見自己的責任」，服務他人，眞正受益的人卻是自己，追求卓越是一條解決他人痛苦、預防他人受傷之同時，可以昇華自己境界、開拓自己視野、擴大自己格局、樂意接納挑戰，是勇往直前的膽識和行動。

可以這麼說，杜拉克之所以會有這般感動，乃是亞伯拉罕已經在他的三件事上體現杜拉克的那三件事了。個人要自問：「自己希望讓後人記得什麼？其次，這種看法應該隨著年齡增長而改變，隨著個人的成熟程度與外在世界的變遷而改變。最後，讓他人的生命因你而有所不同，是值得讓後人回憶的事。」

亞伯拉罕是自我領導的榜樣，是眞正不折不扣的世界公民。因爲領導是一項工作，既然是工作才能體現領導眞正的價值和意義。爲此，唯有對人有貢獻、有價值、有意義才配得上是「領導的工作」。

但是「領導」（Leadership）究竟是什麼？大多數人總會聯想到「領袖魅力」、「天生贏家」以及「領導天才」等。但杜拉克並不認同這種論調，他甚至說：「領導跟領導者特質無關，而且跟領袖魅力，更沒有關係。領導一點也不稀奇、不浪漫、而且還很無趣。領導的本質就是『績效』。」這可以從亞伯拉罕身上完全被證實、被體現。

跟杜拉克共事過的所有領導者之所以成功，靠的不是個人魅力，尤其是領導的性格根本不重要，甚至領導本身就沒有什麼善良或魅力可言。領導只是一種手段、工具。因此，這項手段的目的是什麼、工具的結果又是什麼？就這個問題：領導就是貢獻、績效和影響力。尤其像亞伯拉罕所說的：「我覺得自己毫無長進。」他無法忍受自己不再成長、甚至停止成長，因此立即請辭再造未來，而不是在原處接受供奉與膜拜。

往往越有魅力的領導者越自高自大，以自我爲中心；越強調個人功績、越擅長炒作媒體、越易突顯自己。爲此，魅力反而成了領導者的禍根。它讓領導者缺乏「變通性」，甚至認爲自己不會犯錯，萬一有錯也都是屬下的無能造成的，所以他不需要「改變」。

事實上，光有魅力也無法確保領導者具有高效能。就算甘迺迪可能是歷史上最有魅力的美國總統，不過，像他這樣的領導者也是建樹不彰。

反之，具有高效能的領導者諸如馬歇爾將軍、艾森豪將軍以及杜魯門總統、林肯總統、邱吉爾首相以及曼德拉總統，幾乎一點魅力也沒有，靠的是辛勤的工作、知人善任和高效能的團隊，最終驗證了——「領導是一項工作」。

高效能領導的根基是——「徹底思考組織的使命是什麼」，之後清晰地界定且建立起來。領導者設立明確目標、排定優先次序，而且要制定和維持標準。領導者當然要做妥協，但切記是正確的妥協，因爲領導者會痛苦地察覺到他們有時無法控制全局，必須有所讓步而不是硬幹到底。

領導的眞正定義：「責任止於此」（The buck stops here），這是杜魯門總統的名言。領導是一項工作，更是一項責任，而非階級和特權。高效能領導者很少會縱容錯誤，可是當事情出問題他們會一肩扛起，不會推卸責任或責怪他人，勇於擔當、敢於認錯，並負起最終的成敗責任。若成功或有優異表現時，高效能的領導者會歸功於團隊的貢獻和付出。

領導者的唯一定義就是有追隨者。信任領導者未必就喜歡他，也未必凡事都認同他。追隨者的信任乃是基於確信領導者說到做到，意即他們具備言行一致，這是一種品格的信任、以德服人的折服。知識工作者能成爲職涯中的執行長，並非基於他們擁有聰明才智、才華洋溢，而是前後一貫、始終如一。雖然正直誠實無法成就績效，但少了它就會具有相當的破壞性，例如領導危機……等等。

個人的自我發展與個人的使命或組織的使命密不可分，其中夾雜著對自己或組織的信賴和認同感，深信個人或組織對社會有著重要的貢獻，我們絕對不能被稀少的資源、預算、人力或時間所擊潰。因此，回至初心、牢記使命是多麼的重要。

「自我發展」是領導的眞義，也代表著一個人有著更高的才能見識與更充實的內涵以及更堅韌的素質。由於堅持負責任的堅定態度，知識工作者才會更看重自己。這不是虛榮、更不是驕傲，而是一種自我尊重的自信心。一旦更上一層樓，他人再也搶不走我們所增長的才華和見識，高生產力與高績效就不遠了。

在人類史上的任何活動中，領導者和卓越者的表現與成就總會深深影響他人，人類都是站在前人的肩膀上向前行的。領導者提出個人或組織的願景、並樹立標竿，可是他們並非獨一無二。假若組織中有一名知識員工的表現要比大家高出一大截，其餘的人就會相繼自我挑戰，而非妒忌、猜疑。

一個人的領導力並非取決於位階的高低；就像亞伯拉罕從一個組織的創始人，突然間又歸零重新來過，他就是以身作則，以典範來領導。而最偉大的典範便是對他的使命全心奉獻，且藉此提升自我——這樣也就更尊重自己、熱愛自我、奉獻心力、照亮他人。

「願景」（Vision）是以自我形象、自我認識、自我接納以及自我發展爲基礎。但要實現願景，必然要維持個人抱負和個人行爲之間的「平衡」，而「正直」是忠實自己、也贏得信任的不二法門，雖然一開始會吃虧、甚至於受害，但無礙於願景的實現和自我的昇華。

「使命」（Mission）是個人的根本憲法，是人生的行爲準繩，更是實現願景的唯一依賴。為此，使命宣言越清晰、越具體越能符合且滿足所要服務對象的核心價值觀和深層的需求度。這樣才能將使命轉化成為精準又明確的目標，目標才可能成為願景，如此才能釋放出無比的力量。

這正是亞伯拉罕之所以能成就大業又能全身而退的祕訣所在，雖然他並沒有交待清楚，但能先後建造猶太會堂、大學青年的傳教士到老人的服務機構，這一切都是擁有極為精確的目標，當然就會有無比的力量。

亞伯拉罕也可以被稱作世界公民，何以見得呢？聯合國頒發一個獎項名為「世界公民」（Citizen of the World）；即非政府組織「世界服務權威」（World Service Authority）頒發的「世界護照」（World Passport）。世界公民的基本概念是認為世界是一個整體，世界公民意識已不局限於在一些世界性事件中呈現的——國家的屬性，而是以所有生活在地球村的人為休戚與共的「公民共同體」，是將公民責任和道義放在全球化的背景當中的普世倫理觀和生命共同體。

不論是全球公民或世界公民，指的都是在世界上共享世界主義身分與歸屬感的存在。他們雖然保持著不同的民族或種族身分以及文化特徵，但是他們不以自己家鄉或祖國來定義自己的身分。這樣的意識即認爲整個地球乃是相互影響的群體，已超越了地理或政治任何限制。

關於亞伯拉罕，二戰並沒有奪走他的生命，他懷著感恩的心，除了主修法律也進入神學院進修，最終超越宗教、種族、地域、性別，看到別人的需要、需求結合自己的長才做出及時而有效的貢獻，主動成爲他人的鄰居給出自己溫度與提醒，成爲一位不折不扣的「世界公民」，值得我們效法與體悟。

杜拉克有百分百的世界公民身分，他從寫作生活影響世人；他教導跨組織、跨國界、跨地域、跨文化、跨種族……等，也建構一門「管理學」學科，欲達「自由而有功能的社會」之願景，胸懷世界、海納異己、尊重差異、共創美好。他是世界公民的典範先生並不爲過。

爲弱小民族、群體、青少年付出善意與行動；成立基金會以協助偏鄉孩童激起向上意志，帶動打球、運動的樂趣；呼籲四海之內皆兄弟、不分彼此、不分種族、不分膚色、相互包容、接納彼此，眞正看重的是生命價值、人性尊嚴、自由意義，才是值得敬重的世界公民。林書豪也正是扮演這樣的角色和代表，尤其他的球品、人品、文品更是青少年的學習榜樣，正能量散發著愛，是逆轉勝的時局代言者。

一九九三年彼得．杜拉克在其著作《後資本主義社會》（Post-Capitalist Society）中首先提出「世界公民」角色的未來重要性，並且提出要成為世界公民之前，先要養成「智識人」（Intellectual integrity），即要具備一種罕見的資產——洞悉現實、且不自欺欺人的一項能力。就像亞伯拉罕、杜拉克、林書豪、杜魯門總統、馬歇爾將軍……等人一樣。

杜拉克在《後資本主義社會》一書有精闢而獨到的見解：「明日的智識人必定會生活在一個全球化的世界，而這個全球化的世界一定是深受西方影響的世界。一方面，明白的智識人也會生活在一個日益地方化的世界。他們必須為將來能做個『世界公民』而準備——在視野上、水平上、資訊上。另一方面，他們也必定得從鄉土汲取養分，然後再滋養鄉土。」

「後資本主義社會既是一個知識社會，也是一個組織社會，兩者相互依賴。誠如前面曾提到過的，即使不是全部，至少也是大部分，明日的智識人會在組織成員的情境上使用他的知識。因此，明日的智識人必定得為同時在生活和工作兩種文化中做好準備——一種是『知識人』的文化，強調的是表達和構思，另一種則是『管理人』的文化，強調的是團隊和效用。」

「知識人需要組織把他作爲一種工具，透過這種工具，他們才能有效地運用專業知識。管理人則把知識當成組織踐行的一項手段。這兩種人都是正確的，他們之間是互補的，而非互斥的，彼此相互需要。做研究的科學家需要研究管理的管理專家，反之亦然。如果有一方過重，那就會兩敗俱傷。知識人的世界如果沒有管理人的參與，就會變成各自爲政，結果什麼事也做不了。管理人如果沒有知識人的融入，就會變成組織人到處充斥的官僚機構，如果這兩者互相取得平衡，肯定便會激發出創造力與規劃、動力和方向的結合。」

預見未來的世界，更洞見未來的組織運營方向；也指出了要能成爲世界公民必先做好準備，關鍵就是要成爲一位「智識人」才是正確之道。這也是如何成爲自己職涯中的執行長的重大功課之一。

第十五章

怎麼為人生下半場做好規劃？

人不能管理變化，只能走在變化之前。

怎樣爲人生下半場做好規劃？甚至預作「虛擬管理」？實有其必要性。亞伯拉罕、杜拉克就不用說了，他們終其一生根本就沒有退休、更沒有人生下半場。爲此，要貫穿一生，以知識人和管理人直到終了，並不斷地自我更新、追求卓越的貢獻，爲其使命，直到終點。

由於預防醫學、保健養生、醫術進步神速以及公共衛生的重視，使得人類的壽命比所處的組織存活時間往往更長，這是人類史上前所未有的事，當然也衍生出一項無法逃避的新挑戰——我們人生的下半場究竟該怎麼提前規劃呢？又有哪些安排呢？甚至要如何成就更上一層樓的下半場非凡人生？

永不退休的杜拉克就在他八十二歲時的一篇文章中寫道：「從二十歲起，寫作就已成了我所有的工作基礎。」單單在《哈佛商業評論》（HBR）就發表過卅多篇的論文，可說是史上論文被登載最多篇的作家之一，其中榮獲麥肯錫「最佳論文獎」的就有六篇之多，一生共有四十一巨著問市，眞的是爲寫作而生、爲著作而活。

杜拉克是知識工作者的先驅、也是知識工作者奠基者、更是職涯中自己的CEO。他擅於洞見未來與駕馭文字能力，他精準地掌握趨勢變化、社會脈動以及質變的本質，最終在不同階段中轉化爲文字著作。爲此，他的作品豐富多元、立論獨到；可分爲傳記、管理、社會、政治、未來學、小說、論文集等七大類，他的歷程可說是一整部的創作發展史。

杜拉克是「終身學習」（on going learning）的實踐家。有一回杜拉克跟好友查理斯．韓第（英國管理大師）說：「我靠著傾聽來學習。」隨後他補上一句道：「傾聽我自己。」韓第卻以爲這是杜拉克式的幽默口吻，然而杜拉克又再引用一句名言：「在我聽到自己說的話之前，我怎麼曉得自己的想法呢？（How to I know what Ithink until I hear what I say?）」最終韓第做出推論：「杜拉克是藉由寫作與講演而發展出他的『管理學』理論的。」

高齡九十五歲的杜拉克依然爲帝傑證券集團提供顧問諮詢服務，眞是不可思議極了，難怪會有「史上最年輕的老人」美譽。他將自己的一生呈現出對人的貢獻、對組織的影響以及對社會的潛移默化，做出無比的價值直到最後一刻，值得世人銘記和仿效。

所謂「中年危機」是懶惰的藉口，是不長進的托詞。「中年危機」指的是在職場或個人工作坊一旦過了四十五歲後，不是客戶不要他們，就是自我淘汰了。但眞正的問題本質乃是一個人在同樣的工作上待上二十年之後，基本職業性格大致上已經定型了。若沒有意識再學新事物、新技能、新工具的話，恐怕無法很快地去適應急速變遷、迭代換新、典範創新的節奏感了。危機不是外在現象，而是自己不願意面對罷了。

爲此，「變乃不變之永恆」。往往在三十歲前自認爲極有挑戰性的工作、富有成就感的職業，但到了四十五歲已覺得索然無味了。爲什麼？其原因不是「熟練的無能」，便是「專業的無知」，通常兩者都是。

三十四歲是否就應該爲人生下半場做好規劃？也許有人會說：「這未免太早了吧。」可是早點規劃又有什麼不對呢？當然這見仁見智、因人而異。就像正在大陸首鋼隊打球的林書豪爲例，三十四歲的他恐怕老早就已有規劃A、B、C方案了，只是我們不得而知而已。若沒有意外的話，他極可能再打上一～二季的CBA籃球賽，只要他體能允許加上競技狀態能持續接受挑戰，不能先發，打打替補應該也行。而且，以他的粉絲群數量，只要他持續耕耘、用心運營、專注品牌，接下來的人生下半場恐怕還是會風生水起、名利雙收。例如可以延續籃球事業以及發揮長才，包括擔任籃球教練（精通中、英文），經營一支球隊，開發籃球周邊商品如球鞋、球衣、球帽、眼鏡、手機、皮包……等。當然他可能依據個人的使命和願景規劃成爲青年人的導師或其他，也有可能自己經營籃球相關產業或根本不相關的事業。不管他不做什麼或做什麼，不經營什麼或經營什麼，其實越早規劃人生下半場就越能發揮自己的長才、越能幫助他人、影響社會。就像亞伯拉罕那般的人生，那樣豐富、那樣精彩。（我在二十八歲就已規劃人生下半場迄今。）

要做對做好，自我管理自己的人生下半場，彼得．杜拉克給我們三個忠告：

一、開創第二種不同的事業

從一種組織轉換到另一種不同的組織工作，如果讓自己的長才依然能夠有效的發揮，便極有可能再創高峰，就像亞伯拉罕在三種不同的組織中都保有高效能的貢獻和助人，而且都是從零開始、重新創業、見好就離、全新再造。

二、為下半場做好準備是平行發展第二種事業

爲了不想在原機構不長進、原職位沒貢獻、原工作沒發揮，唯有從忙碌中抽離出來轉變爲兼職、顧問、志工，爲自己創造另一項平行的工作：另一種事業。

三、為下半場人生做好準備便是當一位「社會創業家」，活得更精彩、更具意義

亞伯拉罕徹徹底底是「社會創業家」的典範之一。能好好地管理人生下半場的人士也許永遠都是少數，但能管理好一輩子人生的人士則是鳳毛麟角了。就像彼得．杜拉克、查理斯、韓第……等人，他們老早就心中決定專注一件事直到終了。雖然杜拉克自省自己興趣多、精力散、不成事，但若他不這樣跨領域、跨文化、跨種族以及博覽群書的話，根本無法一人獨自完成一門學科，更別說有著作等身了，這就是上天對他的厚愛——既讓他活得夠久、又讓他能記得夠多。更不可思議的是讓他具有另類的洞見與創新的能耐。

知識工作者要管理好個人下半場或一輩子人生，在時間還沒到之前宜儘早做好準備。處在一個重視人生「勝利組」的現實裡，這項因素越來越重要。

在現代競爭掛帥的社會中，我們當然期望每個人都能成為「勝利組」。但是，這顯然是極不可能的事，因為有勝利組就會有失敗組。對絕大多數知識員工而言，充其量只能做到不失敗罷了。因此，對個人和家庭來說，個人能找到一個領域，在其中發揮貢獻，有一定的分量，也就變得很重要。不論是第二種事業、平行發展的事業，以及社會創業家，或在閒暇之餘投入其他興趣、嗜好，第二領域都能提供機會，使我們成為眞正的領導者，受人尊敬並且獲致勝利、回饋社會。

一九六九年杜拉克在其《斷層年代》（The Age of Discontiunity）一書裡，率先創出「知識工作者」一詞。他主張身為知識員工必須先成為「有效的管理者」（The Effective Executive）亦即要先學會「有效的自我管理」。為此，自我管理是一種人類事物的「革命行動」，個人必須做以前從沒做過的事，知識工作者更需要如此。事實上，自我管理要求的是，每位知識工作者都要能像執行長（CEO）一樣的思考方式、視野、格局與全局觀以及經營表現。同時知識工作者也必須把以往大家視為理所當然的想法和行動，做兩百七十度的轉型。畢竟，知識工作者的大量爆增，也就是近六十年來的事。

兩百七十度代表了什麼？用二戰期間一位杜拉克恩師告訴他的話或許可以說明一切：「小伙子，假如有天你終於開竅，你會認知一個人同時需要具有聖保羅、又要聖詹姆士兩位聖人。」意指一個人同時需要擁有聖保羅的信心和聖詹姆士的工作績效的表現。

杜拉克又告訴我們一個關於大作曲家馬勒和交響樂團之間的故事。十九世紀末，馬勒在維也納一手創辦的交響樂團，他對團員的要求十分嚴厲，搞得連樂團贊助人國王陛下都忍不住召見他。國王問：「你不覺得自己做得太過分了嗎？」馬勒回道：「陛下，比起樂手現在加諸在我的身上的要求來說，我的要求實在算不了什麼，因為他們現在可要比以前表演得好太多了。」希望績效優異者多為自己強加壓力，希望他們可以問：「為什麼我們不能做得更多點、做得更棒？」

結語

具有驕傲的條件、過人的天賦異稟、頂著德國法學博士以及家學淵源等卻如此謙遜、這般受教，他又主張終身學習、自我反省、向學生學習，不得不教人敬佩。

一九五九年杜拉克在其《明日的地標》（Landmarks of Tomorrow）一書的總結寫道：「人類必須重新回到靈魂的深處，去探尋生存的價值，人類要能再度堅信，人並不僅僅是一個生物體和精神，而是一個靈魂，一個受造者，人類生存是爲了完成造物主的目的，並順服祂的旨意，否則人類將無法在現今這個世界存活下來。」

爲此，知識工作者需要改變、變革甚至革命，因爲改變是一項抉擇、是一個判斷、更是一種決策，而不是一種反應或無奈。爲了確保自己、家庭獲得幸福的生活，得先改變自己對現實的認清和不自欺欺人的正確態度，重建自己的願景、使命、核心價值觀以及人生的大策略經營，才是幸福之道。

「改變」（Change）必須從學習開始，意即要從如何學習改變著手，進而成爲自己的旁觀者。若有可能，再轉型成爲自我的「生命教練」（Life Coach），鞭策自己、追求卓越，培養自己擁有「獨立思考的能力」（Independent Thinking Ability）。

時至今日，我們都認爲學習是一種持續性的生物歷程，學習始於胎教、終於死亡。不論是嬰孩或是成人的學習，基本上沒有多大差別，都是一種學習歷程。我們還曉得，學習不是指某種學習器官，而是心靈或是智慧的行爲。學習的過程其實是整個人全心力的投入，只是要能及早找到對自己最有效的學習方法、方式，培養自己近乎天性的心智習慣。尤其應儘早挖掘出自己的長處（Strengths），並發展自己獨特而高素質的能力——誠實正直和心靈能力（Competence）。就像亞伯拉罕、杜拉克和林書豪一樣。因爲生命有起始、也有終點，所以要能活到老、學到老，只是每人的學習途徑、順序會有所不同罷了。

一貫以獨立思考的杜拉克是位具革命性的社會思想家、是創新與創業精神的構建者、組織管理學的奠基者。他以完全開放的心態，才得以對社會環境中眞正發生的事情進行冷靜又客觀的觀察，且做出必然果決的總結。又以睿智、有目的開放而動態的系統思維推演，加上他那淵博而深邃的智力來參透未來，能測透幾世紀以來的生活趨勢質變與量變之關聯性。

杜拉克是荷蘭人也是猶太人，卻以英文寫作，且是暢銷書作家。是組織結構的權威，卻從未屬於任何組織，因爲他是一位獨行俠，既沒有祕書又不需要助理，更不用司機代勞。他又是各類型組織的超級諮詢顧問但從不經商。

他是一位偉大的導師卻始終主張向別人學習。他是一位哲學家卻又不能被納入任何經典範疇，幸好他並不以爲意而且十分尊重。

近半世紀以來，精讀杜拉克每一部作品，從似懂到非懂、從懂到不懂。最終才在行動中感悟、生活上體悟、工作中頓悟，這過程感受至深，時常有種溢於言表的受激勵、得釋放、被震撼的感動。從始驚到次醉以致於終狂，這種蛻變過程對我而言極其特別而深刻。尤其是並非刻意要去模仿他，而是在不知不覺中，不論是觀念、意識、想法、價值觀以及在行爲上印記在骨子裡（或稱DNA），如此潛移默化出來了。體現在生活上，越來越平淡卻充實、工作上逐漸高效卻自在、精神上怡然自得卻不求、在心靈上平靜安穩卻自信、在家庭裡篤信眞理卻自由。

可見行動是如此的重要且具有力量。就像杜拉克對「管理學」所下的定義一樣：「管理的本質不在於知，乃在於行；不在於邏輯，而在於績效。」的確，唯有行動，始能行出來，只有績效才能驗證。這種以客觀的規律爲準繩、以績效爲核心的動態觀，又以實務爲綜合內容、以經驗爲法則，以有效爲邏輯，就能貫穿成一套明確、簡單、清晰又具體可操作的、一以貫之的管理哲學架構與理論系統。這體現在知識工作者的價值與尊嚴、責任和自由，意指每個知識工作者可以用更大的動機促使自己依「以目標自我控制的管理、自我發展以及自我更新」，成爲眞正自己職涯中的執行長，負責盡責地履行智識人的自我高度期許，願意貢獻自己長才、能量、時間和資源做出像杜拉克、亞伯拉罕一樣的付出和無私。

這些行爲的背後畢竟會有一項看不見的東西持續支撐著與源遠不斷地供應著，那是什麼？又爲何會有如此巨大的力量呢？那是只能憑想像、靠信心，可能一輩子都無法到達的地方，它的名字叫「願景」（Vision）。

針對願景，若沒有自己親身經歷，尤其是刻骨銘心的體驗的話，是無法轉化爲眞正的「使命宣言」（Mission Statement）的。就像媽媽產下嬰孩一樣，如果不是那一攤血換來嬰兒的生命，我們無法理解孩童爲何這般寶貝！當然孩童也無法感受到媽媽冒著生命危險而生下他的愛。

就像我們的孩子一樣，妳是用「使命」生下她，這就是刻骨銘心、愛的過程。然而他的成長、教育、健康、快樂到長大成人……等於就是父母的一生願景、寄託與期望。爲此，妳願意爲他付出妳的全部，而且不計代價，哪怕捨去自己的性命都願意。爲什麼？這愛是何等偉大、何等純淨、何等眞實。而檢驗的最終唯一標準就是「核心價值觀」，唯有內外行爲的檢視、修正與優化，才能讓孩子長大成人、回饋社會、回應父母的愛。而這過程肯定是策略經營——使其能不斷地有效的自我管理、發展與更新，最後代代相傳、人才輩出、造福社會。

二十八歲即以一生做出規劃想必很不現實，但我從那時起就已做好準備，回憶起來猶如昨天所發生的一般。當時眞的完全沒有頭緒，甚至連使命、願景都是謎題，但做了再說、不懂再問、一再修正，直到過了四十歲終於才確定下來這個版本。

以下是明確、簡單、清晰、具體，一以貫之可操作的一套經營理論與執行藍圖：

一、明確的願景：國際級企業布道者——引領自我管理、發展與更新爲卓越的自己。

二、簡單的信念：做正確事、當明白人。

三、清晰的使命：他人因我的生命而變得很不一樣。

四、具體可行方案：集教練、老師和寫作三合一於一生。

效法杜拉克一生以高標準、高生產力自我檢視，甚至予以自我批判毫不手軟，他以眞實的自己面對世人，以追求近乎完美的卓越境界，且以利他與社會以及人類的未來需求作爲自我驅動力爲使命，更以「自由而有功能的社會」爲願景奉獻心力。並創「管理學」，既是一項專業又是一項工具，以解決任何組織的系統問題。除此之外，並創「知識工作者」一詞。

杜拉克之所以有如此卓越的成就，是因爲他採取了「關鍵活動」（Key Activities）使得他在很年輕時就已充分地認識自己、善用自己、行出自己以及卓越自己。打從十四歲的「旁觀者」開始，一生走過八十二年的漫長歲月裡，成就了卓絕非凡的「社會生態學者」角色定位。其中不可或缺的關鍵資源就是「時間」（Time）。杜拉克既活得長、又活得好更活得精彩。箇中的奧祕便是「善用時間」，使時間具有效性、具生產力、具貢獻力。

最後，我們不是杜拉克，也永遠都不可能成爲杜拉克。但是我們不能有任何藉口不像杜拉克一樣，做「自我管理、自我經營、自我領導和自我鞭策」，眞正做到「以目標爲自我控制的管理」，成爲職涯中自己卓越的執行長，立下目標、採取策略、付出行動、貢獻價值。

BIG 390

成為自己的執行長：跟彼得杜拉克學職涯規劃與自我管理

作　者—詹文明
圖表提供—詹文明
責任編輯—陳萱宇
主　編—謝翠鈺
行銷企劃—陳玟利
封面設計—陳文德
美術編輯—辰皓國際出版製作有限公司

董事長—趙政岷
出版者—時報文化出版企業股份有限公司
108019 台北市和平西路三段二四〇號七樓
發行專線—（〇二）二三〇六六八四二
讀者服務專線—〇八〇〇二三一七〇五
（〇二）二三〇四七一〇三
讀者服務傳真—（〇二）二三〇四六八五八
郵撥—一九三四四七二四時報文化出版公司
信箱—一〇八九九台北華江橋郵局第九九信箱
時報悅讀網—http://www.readingtimes.com.tw
法律顧問—理律法律事務所　陳長文律師、李念祖律師
印刷—勁達印刷有限公司
初版一刷—二〇二二年八月五日
定價—新台幣三五〇元
缺頁或破損的書，請寄回更換

時報文化出版公司成立於一九七五年，
並於一九九九年股票上櫃公開發行，於二〇〇八年脫離中時集團非屬旺中，
以「尊重智慧與創意的文化事業」為信念。

成為自己的執行長：跟彼得杜拉克學職涯規劃與自我管理 / 詹文明著. -- 初版. -- 台北市：時報文化出版企業股份有限公司, 2022.08
面；　公分 -- (Big ; 390)
ISBN 978-626-335-636-8（平裝）
1.CST: 職場成功法 2.CST: 自我實現
494.35　　111009522

ISBN 978-626-335-636-8
Printed in Taiwan